懂孩子，才会爱孩子

父母必知的0~6岁育儿心理

木紫 / 编著

中国妇女出版社

图书在版编目（CIP）数据

懂孩子，才会爱孩子：父母必知的 0～6 岁育儿心理 / 木紫编著．-- 北京：中国妇女出版社，2019.7

ISBN 978-7-5127-1731-2

Ⅰ．①懂…　Ⅱ．①木…　Ⅲ．①婴幼儿心理学　Ⅳ．① B844.11

中国版本图书馆 CIP 数据核字（2019）第 076706 号

懂孩子，才会爱孩子——父母必知的 0～6 岁育儿心理

作　　者：木　紫　编著
责任编辑：陈　元
封面设计：尚世视觉
责任印制：王卫东
出版发行：中国妇女出版社
地　　址：北京市东城区史家胡同甲 24 号　　邮政编码：100010
电　　话：（010）65133160（发行部）　　65133161（邮购）
网　　址：www.womenbooks.cn
法律顾问：北京市道可特律师事务所
经　　销：各地新华书店
印　　刷：北京通州皇家印刷厂
开　　本：170×240　1/16
印　　张：17
字　　数：238 千字
版　　次：2019 年 7 月第 1 版
印　　次：2019 年 7 月第 1 次
书　　号：ISBN 978-7-5127-1731-2
定　　价：45.00 元

目录 Contents

第1章

0~1岁儿童心理发展与科学教养

第2章

1～2岁儿童心理发展与科学教养

第3章

2~3岁儿童心理发展与科学教养

第1章

0～1岁儿童心理发展与科学教养

0～1岁，是宝宝飞速成长的一年，也是生命中最为被动的一年，在这一年里，父母对孩子的影响很大。有的父母因此而焦虑，担心养不好孩子，影响其一生的发展。其实，只要父母了解0～1岁宝宝的心理发展水平，懂得他们是怎么成长的，然后，用科学的方法进行教养，宝宝就能快乐而从容地成长。

宝宝的身体与动作发展

动作发展：0~1岁处于快速生长期

生命中的头两年是宝宝的快速生长期。一般到5个月大的时候，宝宝的体重可达出生时的2倍。到了1岁时，体重可达出生时的3倍，有的宝宝的身高达到80厘米。

那么，随着宝宝体重、身高的快速发育，他们身体的各个部位、各项功能是不是也成长得如此快速呢？父母要注意，这个阶段的孩子身体的各个部分并不是以相同的速率成长。父母可以观察到，随着不断成长，婴儿的头部占整个身体的比率逐渐下降，这说明，头部迅速成长后身体迅速成长了。所以，有一段时间宝宝看起来“头大、腿短”不是问题，不用担心他们的体形不够美。

和体重、身高一起成长发育的是宝宝的身体器官、神经系统、脑等组织和器官，与此相适应的就是身体机能和心理能力的快速发展。就拿宝宝的运动能力来讲，到了四五个月的时候，绝大部分宝宝会翻身了；而到了1岁左右，绝大部分宝宝能坐会爬了，有一大部分宝宝会走了；他们能够快速认出自己吃过、玩过的物品，并且记得物品的属性。

成长是一个动作发展的过程，从新生儿到1岁，孩子拥有了很多的动作能力：抬头、翻身、独立坐、爬、站起、走路，这是一个发展的过程。不同个体的动作发展存在着差异性，有的宝宝可能11个月就会走了，有的宝宝可能到1岁多才会走。之所以会有这样的差别，在于宝宝身体的成熟程度存在个体差异。

美国心理学家格塞尔认为，支配儿童心理发展的因素很多，但主要是成熟。他曾经做过一个双生子爬梯实验，被试是一对10个月大的同卵双生子（名字分别以T和C代替），在实验中，实验人员提前训练了T学习爬梯动作，而对于C则不给予练习。整个实验过程中，他们的爬梯水平不断受到测量，直到1岁，T才学会了爬梯。这时，实验人员对C进行了为期2周的训练后进行测量，此时，T和C在爬梯时的速度、敏捷度方面没有差异。

成熟是宝宝动作发展的前提条件，不同宝宝身体发展的速度不同，导致了宝宝动作发展有快有慢。除此以外，学习、锻炼对宝宝动作的发展也存在着重要的影响。实验者对新生儿的踏步反射进行了训练，结果显示，这些孩子会表现出更早、更多明显的行走动作，提前出现独立行走。

宝宝的动作发展主要受两方面的影响：一个是成熟，个体自身的肌肉、骨骼、关节与神经系统在结构和功能上的成熟为动作发展提供了生物前提，是动作发展的物质基础；另一个是个体的学习，外界环境如果能够提供必要的刺激与经验，在动作的发展速度、水平以及顺序和倾向等方面，会起到一定的促进或阻碍作用。

除此以外，宝宝动作的发展还会受到环境因素的影响，如气候、文化背景、家庭生态环境等。但是，不管孩子生在哪个地方，被什么样的父母抚养，只要处在0～1岁这个年龄段，就是快速生长期，父母了解孩子的成长特点，满足他们的成长需要，孩子就能快速成长。

宝宝动作发展4原则

虽然不同个体的动作发展存在一定的差异性，但这并不是说就千人千面，没有规律可循了。从儿童先天就具备的无条件反射到实现有目的的复杂动作技能的进程趋势来看，个体动作发展过程均遵循一定的顺序和原则。

心理学研究显示，人类动作的发展顺序遵循4个原则：头尾原则、近远原则、等级整合原则、系统独立性原则。6岁前，宝宝动作的发展基本都在遵循这些原则。

1.头尾原则

头尾原则讲的是身体发展所遵循的模式是先从头部和身体上半部开始，然后进行到身体的其他部位。个体动作总是沿着抬头—翻身—坐—爬—站—行走的顺序而逐渐成熟。宝宝出生前和出生后都是遵循这样的原则进行发展。比如，视力的发展一定是先于走路能力的发展；宝宝一定是先把手抬起来送到嘴边、手才能被嘴吃到，然后才是宝宝用手抓握住脚、把脚送到嘴边，于是嘴就吃到了脚丫子。

2.近远原则

在宝宝的生活里，他们最先出现的动作是躺着或者趴着，这个时候他们不能坐着或者站着，说明他们的躯干发育要早于四肢发育，他们想活动的时候，身体能支配的部位就是躯干了。

宝宝的动作发展遵循近远原则，从身体的中央部位进行到外围部位。对于任何一个儿童来讲，躯干的发展都先于四肢末端的发展。儿童使用身体各部位的能力，也是遵循着近远原则。先能使用手臂，后能使用手指；先能翻身，后能爬行。

3.等级整合原则

宝宝要想从一堆玩具中拿出自己想玩儿的那一个，需要眼睛能看到、胳膊能抬起来，手能够抓握住物品，很显然，宝宝到了三四个月以后才有这项能力。宝宝不是突然具备这项能力的，而是通过单一动作技能的逐步发展然后统合起来才具备的。

等级整合原则指简单技能一般是独立发展的，后来这些简单的技能被整合成更加复杂的技能。婴儿动作技能的发展最初是全身性的、杂乱的，随后逐渐分化为局部的、精细的和专门化的动作。婴儿活动的起始是躯体大肌肉的动作，胳膊、腿等；然后才是手部小肌肉动作；在这个基础上把动作整合起来，完成抓握起某个物品的动作。

4.系统独立性原则

宝宝和大人一样，他们的身体也是由八大系统组成，即运动系统、神经系统、内分泌系统、循环系统、呼吸系统、消化系统、泌尿系统、生殖系统，这些系统互相联系、互相制约，实现生物体的生命活动。

对于处在成长阶段的宝宝来讲，他们各个系统的发展并不是同步的。不同的身体系统有着不同的发展速率，叫作系统独立性原则。比如，在婴儿期，神经系统高速发展，而身体大小的改变则相对较少，性别特征的发展则更加滞后。宝宝的理解能力和表达能力有时也不同步，当宝宝能听懂大人的话以后，他们会用手势表达出自己的意思，却不能用嘴说出来。

精细动作和粗大动作

宝宝运动能力的发展是一个循序渐进的过程，这一点，通过宝宝的成长就能够观察到。宝宝能够翻身以前，一定能够抬头了；宝宝先能挺直脖子，然后才能坐直身子；宝宝先会坐着，然后才能直立行走。任何一个正常发展的孩子，运动能力的发展都会遵循这个规律。

宝宝运动能力的发展是以运动系统的成熟为先决条件的，而运动系统的成熟遵循从大动作到精细动作的顺序。一个不能伸胳膊的孩子，无法拿起远处的面包再送到嘴里。

宝宝的运动能力与他们的大脑发育以及认知能力、自理能力、情感能力、社会交往能力等的发展密切相关。3岁前，宝宝运动能力的发展会涉及两个重要的内容，一个是大肌肉动作，另一个是精细动作。

大肌肉动作又被称为基础运动技能，先于精细动作发展，是动作发展的基础。大肌肉动作又称粗大动作、大动作，指的是涉及躯干、手臂、腿等大肌肉的控制能力。3岁前，大肌肉动作发展主要涉及爬、坐、立、行以及手的抓握等基本动作技能。宝宝要完成这些动作会涉及姿势的反应、头的平衡。

坐、立、走等动作的发展很重要，对生命发展具有里程碑式的影响。儿童拥有自主行动的能力后进一步解放了他们的双手，使他们的手眼协调能力和双手协调自主控制动作在此基础上得到迅速发展。

爬行动作是个体发展过程中获得的第一个自主位移动作，婴儿在空间环境中的自由移动，一方面扩大了婴儿接触和探索环境的范围，增加了与环境互动的机会，有利于提高宝宝解决问题的能力。婴儿在爬行过程中也会遇到挑战，到达目的地的过程既提高了运动能力，也锻炼了意志品质。

行走使得儿童活动范围增大，行动更加灵活，探索空间更广泛，进一步解放了个体的双手，使得精细动作有机会得到进一步发展，促进了心理能力的发展。

精细动作指的是由手、腕部小肌肉群参与的动作技能。宝宝主要凭借手以及手指等部位的小肌肉或小肌肉群的运动，在视觉、听觉、空间感、注意力等多方面感知活动的配合下完成特定任务，这个过程也是认知发展的重要过程。

3岁前的宝宝主要通过自己的行为来告知父母身体发育处于大肌肉动作或者精细动作发展的哪个阶段。比如，两到三个月的时候，宝宝开始俯卧、抬头；4个月后，他们能够翻身、独坐，这个阶段的宝宝喜欢看手，摆弄手指，能够拿起饼干、小馒头来自己吃；六七个月后宝宝已经能够独坐，开始出现扶站、扶走现象，能够捏起小物品，比如纸片、小石子等。

宝宝的行动是他们肌肉大动作和精细动作发展水平的外化表现。宝宝反复做某一个动作，是在以自己的行动告诉抚养者，他们具备了什么样的能力。当他们对该项动作掌握得还不够熟练时，他们练习的兴趣会很浓，会反复做、反复玩儿，这时，需要父母给予支持和配合，引导孩子进入稍微高出他们能力水平的活动中去，接受挑战有利于孩子能力的提升。

生存本能：无条件反射

皮亚杰是迄今为止儿童心理发展史上最具影响力的理论家。他指出，个体与环境最早实现的平衡是以先天性无条件反射为中介的。什么是无条件反射呢？就是生来就有的反射。宝宝就是带着这样的本领来到这个世界上的。无条件反射是反射的一种。反射是在一定的刺激条件下与生俱来的自动反应。另一种是条件反射。

无条件反射是新生儿最显著的行为组织模式。宝宝出生以后，妈妈把一根手指放在宝宝的手掌心，宝宝会紧紧地抓住不放。一个刚出生的宝宝，护士把他放在妈妈的脸旁，宝宝紧紧地抓着妈妈的脸躺在那里，护士想抱他去洗澡，他使劲抓着妈妈的脸不松手，放声大哭，直到护士松手，他又安然地躺在妈妈身边。

对于刚出生的婴儿来讲，以上行为都是天性的自动反应，带有自我保护的性质，能促进亲子关系的发展。最为常见的婴儿的先天性反射有吮吸、拥抱、眨眼、抓握等。随着婴儿大脑皮层的发育，他们对行为的自主控制能力增加，于是，大多数的新生儿反射会在6个月内消失。这是宝宝神经系统健康发育的信号。

这些与生俱来又很快消失的反射行为对宝宝的成长有什么好处呢?

1.促进神经系统和动作发展

婴儿先天反射的正常出现，表明了婴儿的神经通路以及与其相对应的肌肉群的机构与功能的正常。如果对其进行训练和练习，可以促进神经系统功能的发展。

宝宝一个人躺着玩的时候，他们会伸出小手，一边抓握一边注视，这样的动作反复做，能促进宝宝抓握物品时手眼的协调能力。宝宝侧身躺着的时候，在身体和一条腿做支撑的情况下，会把一条腿举起来不停地做屈伸动作，这样的动作有利于促进宝宝身体四肢的协调性。

2.有助于婴儿生存

如果宝宝出生以后不会吮吸奶嘴或者妈妈的乳头，那会怎么样呢?父母有办法让宝宝活下来吗?答案一点儿都不乐观。

吮吸这个动作不但帮助宝宝获取乳汁，补充营养，还能令孩子心里获得安慰，让他们感到安全、轻松、愉悦。

宝宝被妈妈抱着的时候，他能把头部乃至整个身体本能地贴在妈妈身上，身体的这种依附力量很强大，对宝宝有很强的保护作用，有助于婴儿在万一失去支撑的情况下支撑住整个身体的重量。

3.有助于增进亲子关系

宝宝在吮吸乳汁的过程中，妈妈凝视着宝宝的眼睛，对宝宝微笑，宝宝也会露出满意的笑容。妈妈抚摩宝宝的小手、小脚丫等，宝宝开心地回应，咯咯地笑或者躲开妈妈的抚触，这样的回应给父母带来了抚养的快乐，使他们更具有抚养宝宝的信心。

刺激—反应：经典条件反射

关于经典条件反射，有一个特别有名的实验，是诺贝尔生理学或医学奖获得者巴甫洛夫研究狗的消化腺分泌实验。就是在这个实验过程中，巴甫洛夫得到了一个意外的收获，发现了经典条件反射。

实验开始前，巴甫洛夫先确认了狗看到食物会分泌唾液这样一个无条件反射。接下来，他在给狗食物前摇铃，也就是说，食物会在铃声响起后或者和铃声一起出现。此时，食物和铃声有关系了。后来，巴甫洛夫只摇铃，不给食物，他发现，狗照样流唾液，这就是条件反射。

很显然，在整个实验过程中，巴甫洛夫把铃声这样一个中性刺激变成了条件刺激，狗学会了听到铃声就流唾液。之所以会有条件反射出现，就在于铃声在食物出现以前或者和食物一同出现。在狗看来，铃声响了就代表着食物出现了。

心理学家在婴儿身上做了类似的实验，实验过程是这样的：妈妈给婴儿喂奶的时候，会抚摩宝宝的前额，后来，妈妈发现每当她抚摩宝宝前额的时候，宝宝就会做出吮吸的动作。在这个实验过程中，在宝宝看来，抚摩前额就代表着马上就可以吃到奶了。

一个中性刺激与一个引起反射性反应的刺激配对出现，多次之后，当中性刺激发生后，即使引起反射反应的刺激没有出现，也会出现反射性反应，这就是条件反射，条件反射的发生是个学习的过程。

通过经典条件反射，有机体学会把一个无关刺激变成有关刺激的信号，从而可能根据某些信号来辨别周围的世界，知道外界环境中事物和事物之间的关系，得以预见并趋近有益的刺激并避开有害刺激。比如，宝宝听见汽车喇叭声，就会站到马路边等。

经典条件反射提高了宝宝对环境的适应能力。小宝宝对环境的预判能力不强，经典条件反射帮助他们识别了哪些事情会一起发生，当其中的一件事情发生的时候，他们就能预测接下来将要发生什么事情，这样，在宝宝心目中，环境变得更加有序和可以预知，这种情况符合他们内在的秩序感需要，极大地增强了他们内心的安全感。

当两个刺激之间的联结具有生存的意义时，宝宝非常容易形成经典条件反射。当宝宝感觉寂寞了，他开始哭泣，妈妈把宝宝抱起来，然后一边哼歌一边抚触宝宝的皮肤，就能够降低宝宝的孤独感，宝宝心情就会好起来。于是，宝宝还不会说话的时候，想念妈妈了，他就会哭泣；得到妈妈的呼应了，就停止哭泣。

宝宝自己在床上躺着，妈妈在客厅忙碌，如果妈妈有一边干活儿一边哼歌的习惯，那么，只要听到妈妈的歌声，宝宝内心就会很踏实，因为他知道妈妈在家里。平日里，宝宝哭了，妈妈会一边答应一边走过来，多日之后，宝宝哭了的时候，如果妈妈不能快速赶到宝宝身旁，温柔地回应一下："宝宝，妈妈在呢！"宝宝因此出现反射性反应，就不会哭得很厉害或者停止哭泣，因为宝宝知道妈妈听到了自己的呼唤，很快就来陪伴自己。

反应强度：习惯化和去习惯化

面对不同的情境，宝宝的反应并不一样，有时很平静，有时很兴奋，为什么会这样呢？

研究者通过对婴儿习惯化和去习惯化的研究，探究出了他们对世界的理解。给新生儿呈现一个新刺激，他们会有一个定向反应，比如，安静下来，全神贯注，心率降低。重复多次后，不再出现最初的定向反应。再呈现一个新异刺激，会重新呈现最初的定向反应。看来，新生儿具有把新异刺激与已经识别的最初刺激区别开来的能力。这项能力使得宝宝具有进入陌生环境的警惕性，不喜欢时，他们就会哭。

为人父母的都知道宝宝的好奇心特别强，这是为什么呢？这是因为宝宝出生时，人脑已经被设定为受新奇事物的吸引。婴儿倾向于对进入他们周围环境的新元素做出更强烈的反应。根据宝宝的这一特性，心理学家进一步研究，发现了另外的两个学习方式：习惯化和去习惯化。

习惯化是婴儿的一种简单的学习方法。习惯化是指由于重复刺激所造成的反应强度的逐渐降低。这时，如果出现另一个新异刺激，也可能是环境中出现了某种变化，宝宝的反应又返回到高水平，这一增加叫作去习惯化，也叫恢复。对于宝宝来讲，习惯化和去习惯化的能力有助于他们把注意力集中到不了解的方面，提高学习效率。

当婴儿面对熟悉的刺激物时，他们不再出现反应，比如，呼吸或者心跳频率没有加速，头部或者眼部没有因为好奇而追随，那么，往往表明宝宝已经能够认出这个物品是熟悉的。

不同的宝宝，他们的习惯化速度并不一样。研究发现，习惯化速度快的儿童具有下列倾向：更喜欢复杂的刺激；感觉运动发育快，适应环境、解决问题和接受概念的速度较快；玩耍的方式更为成熟；在传统的智能测验中异形辨认、缺损识别和拼图等方面成绩优异。

习惯化的发展与婴儿身体和认知上的成熟有关。习惯化在婴儿出生后就有所表现，并在其出生后3个月左右发展成熟。

宝宝对某个环境熟悉了以后，心率和呼吸可能都会下降，这是个习惯化的过程，习惯了往往意味着失去兴趣。这时，如果有另一个新异刺激发生，那么，宝宝的反应性就返回高水平，从而进入去习惯化的过程。

习惯化，去习惯化，习惯化，去习惯化……宝宝就是在这样的反应强度的不断变化过程中，认识并熟悉新鲜事物，并使其变成自己熟悉的事物，然后再接受新异刺激。在这样一个接受刺激的学习过程中，宝宝内化的知识越来越多，对这个世界越来越熟悉，他们好奇的领域也越来越有自己的特点，探索和征服外界环境的能力也越来越强。

大动作训练：1岁前宝宝大肌肉发展水平

宝宝的动作能力和水平是随着成长而不断发展的。国内外研究发现，婴儿期不同动作的出现有着清晰的时间点，而这些时间点恰恰是儿童正常成长和发育的标志。对于这一点的认识，民间早就有“三翻六坐七滚八爬十二走”的说法，这些说法是人们根据宝宝的发展情况总结出来的，跟当下科学的实证研究结果基本符合。

婴儿的动作从看起来散乱、不随意的动作开始，大肌肉动作也是从最初的无意抬起胳膊和腿，发展到朝着某个目标爬过去。宝宝的大肌肉动作发展也是处于不断的进步状态，表现在玩儿上：他们最初是躺着玩儿，然后是趴着玩儿、坐着玩儿、站着玩儿、走着玩儿，可以说，越玩儿内容越丰富。

肌肉的力量决定了孩子的大动作发展水平，此时，与其着急让孩子走路，不如对孩子多开展一些力量训练，包括腿部、腰部以及全身的力量。让孩子多多爬行、扶着凭借物行走，就是很好的训练方法。一般情况下，宝宝从7个月开始就有了站起来的愿望，10个月以后就能站立了，他们会自己扶着栏杆慢慢站起来，然后又试着坐下或者蹲下。在此基础上，反复操练，就能扶着栏杆走了。

宝宝经历了翻身、坐、爬等练习后，颈部、背部、腰部等部位的肌肉已经比较发达，躯干、臀部和大腿部位的骨骼具有了一定的支撑力，于是，宝宝就不再满足于坐着看风景、爬着去想去的地方，而是要站起来看、走着去看风景。

宝宝能站和能走的时间几乎同步。一般情况下，当宝宝能站着或者能够扶着栏杆站着，就可以训练走路了。当然，如果大人训练宝宝走路时，宝宝不愿意走，可以等一等，让宝宝多一些时间爬行也很不错。由于个体间存在差异，有的宝宝10个月会走，有的宝宝1岁会走，而有的宝宝要到1岁半会走。

怎么判断1岁前宝宝大肌肉的发展水平呢？大肌肉的发展水平达到：孩子能够扶着一只手走20步以上，表现出较好的平衡能力，如果大人让孩子去取一个物品，他们能够扶着凭借物走过去，并把物品取回来；至于爬行方面的能力，他们能够快速地爬行3米以上。

精细动作训练：1岁前宝宝小肌肉发展水平

抓握动作是个体最初的和最基本的精细动作，体现了小肌肉的发展水平，后来的写字、绘画、穿衣、吃饭、整理物品等行为和动作都是在抓握基础上发展起来的。作为一项基础性动作，它不是与生俱来的本领，而是需要在成长过程中不断发展。

宝宝大概从四五个月开始发展自主随意的抓握动作，他们看中了什么玩具，就可以拿起来，在手中把玩。宝宝玩儿够了，就放下，兴趣转移到下一个好奇的物品上。这个时候，宝宝的抓握动作是心理愿望的指向，而不是随意地挥舞手臂带来的对外界的影响。宝宝在四五个月以前，他们会够向、抚摩玩具或者小被子、妈妈的脸等，有时动作大了还会抓伤自己的脸或者揪住妈妈的头发，但这些都是宝宝的不随意的抓握动作，这样的动作大约从3个月的时候就开始出现了。

宝宝的抓握动作能力不断发展，越来越强的表现就是抓握得越来越牢固、越来越精细。大概到了6个月以后，宝宝学会了用拇指和其余四指对着抓握，他们的手指能够包住目标物体了，因为宝宝的抓握动作越来越精准，更利于双眼观察，手眼协调能力更强，使得宝宝认识世界的能力越来越强。如果父母足够细心，会发现宝宝把物品拿在手里研究的情况越来越频繁了。

这个阶段，父母可以通过一些捏拿物品的游戏，来训练宝宝的手眼协调能力，促进拇指和食指灵活性以及对物品的控制能力。比如，把一个稍重的玩具放在宝宝脚边，让宝宝捡起来拿给远处的父母，整个过程就锻炼了宝宝的小肌肉水平。

宝宝在拇指和其余四指对握的基础上，手部的抓握能力就开始了飞速的进步，大约7个月的时候，宝宝能够拿起物体了，而且抓握住物体的姿势是拇指和其余四指平行的状态。到了8个月的时候，宝宝能够用拇指和食指、中指三根手指配合拿起物体，用不了多久，宝宝就能用拇指与食指相对抓握起物体。也就是说，宝宝的手部动作已经很灵活，可以很轻松、随意地拿住物品了。

宝宝的抓握能力发展得好，接下来在学习使用餐具、系扣子、系鞋带、绘画、写字等方面的能力时，就能比较顺利，无论是入园还是上学，宝宝都不会因为个人能力差而产生畏难情绪。

在宝宝1岁的时候，正常的小肌肉的发展水平应该是：能够自己搭积木4块以上；能够把小物品从瓶子里取出；如果父母在孩子面前摆放一本书，他们能够较好地翻页；当他们看到纸和笔的时候，就知道这些是做什么用的，往往能够握在掌心里涂鸦。

坐起来，玩一玩

人们常说，累了，就坐下休息一会儿吧。在成人世界里，坐是一件容易的事情，但是对于小宝宝来讲，可不是一件轻松的事情。有时，当妈妈给宝宝摆出了一个坐着的姿势，几秒钟，他就歪倒在了床上。宝宝坐不住是因为脊柱的支撑力还不够，妈妈不要急，随着宝宝不断长大，腰、背部肌肉、脊柱骨骼成长得足够强壮后，慢慢地就能够支撑起身体了。

大约从四五个月开始，宝宝能够靠着妈妈的身体或者被子、沙发靠背等坐一小会儿，随后，宝宝就歪倒了。这说明，在这个时期，宝宝的身体还没有准备好，无法协调和控制好这个动作。到了六七个月，宝宝能够自己坐一会儿，9个月以后，宝宝就能自如地坐着玩耍、坐着吃东西。如果宝宝9个月后仍然不能自如地坐着玩儿，就需要留意一下宝宝的日常表现，发现身体异常及时求助医生。

一般情况下，大约从4个月开始，从宝宝的身体动作来看，他们就有了坐着的倾向。当他们趴着的时候，头抬得高高的，双臂支撑起来，身体有拱起的姿势，这个时候，父母可以训练宝宝坐。宝宝仰面躺着的时候，妈妈可以一边拉着宝宝的小手腕，一边说："拉着宝宝的手，坐呀坐呀坐起来。"

妈妈也可以把食指伸进宝宝的手心，然后，轻轻地把宝宝拉起来。要注意，拉宝宝的动作一定要轻、要柔，要顺应宝宝的身体趋向，一定不要硬拉。妈妈和宝宝每天训练两三次，就能起到促进宝宝骨骼发育的目的。

一般从5个月开始，宝宝就能靠着坐了，当他们靠着支撑物坐下后，身体会倒下，为了不让身体摔倒，宝宝会用胳膊去支撑，即使这样，有时也无法保持平衡。这个时候，父母可以在宝宝四周放一些支撑物或者买个"U"形靠垫辅助宝宝坐着。妈妈坐着把腿伸开，让宝宝面对面坐在妈妈两腿之间，这样既能一起玩游戏，又能帮助宝宝保持平衡。

到了7个月左右，不管宝宝处于仰卧还是俯卧状态，他们都可以独立坐起来了。然后，大概8个月，有的宝宝可能更早一些，他们就可以在没有任何帮助的情况下独立坐直，玩耍。宝宝能坐着玩儿了，可以伸手向妈妈要玩具，对父母来讲是一个很大的解放；对宝宝来讲，身体的自由度提升了，视野变得开阔了，行为的自主性更强了，更利于宝宝的活动和各项能力的发展。最重要的是，它为接下来爬行动作的发展奠定了基础。

多爬：吉布森视崖实验

当下，有的父母觉得爬行不再是一件利于成长的大事，那么，爬行对于孩子的成长究竟有什么好处呢？心理学家们用科学的实验结果为我们展现了出来。

1.爬行有助于宝宝的感觉统合

对于几个月的宝宝来讲，爬行是非常具有挑战性的动作。宝宝出生以后，第一次全身协调性运动就是爬。宝宝在爬行的过程中需要手、眼、耳、鼻、脚等身体器官的参与，整个过程中，通过视觉、触觉、本体觉等途径搜集的信息在脑干汇总后，得出一个结论，根据这个结论作出判断，做出走或者停的行为。所以说，对于成长中的宝宝来讲，爬行是一个很重要的感觉统合的方式。

如果宝宝没有爬行或者爬行较少，会怎么样呢？美国心理学家埃尔斯博士于1972年提出了“感觉统合失调”的概念，感觉统合失调是指外部的感觉刺激信号无法在儿童的大脑神经系统进行有效的组合，而使机体不能和谐地运作，久而久之形成各种障碍，最终影响身心健康。如果儿童的感觉统合失调，大脑对身体各部位器官失去了控制和组合能力，导致认知能力和社会适应能力降低，社会化水平必然不高，难以适应学习和生活。

由此可见，充足的爬行过程有利于促进宝宝的感觉统合，宝宝多爬行，不但能够锻炼身体、促进智力发育、锻炼意志品质，还有利于宝宝走向独立。

2.爬行能促进宝宝各项能力的发展

作为一项较高级的运动技能，爬行与社会技能、认知技能、知觉技能等紧密相关。在许多情境下，会爬行的宝宝比不会爬行的宝宝具有更好的知觉技能。在实验人员设计的“移动房间”中，会爬行的宝宝比不会爬行的宝宝更能注意距离较远的物体。

在心理学界，有个著名的视崖实验，是心理学家吉布森和沃克设计的。他们设计的视崖是一个高出地面的平台，在这个平台上面铺着玻璃，这块玻璃下面被一块木板从中间分成两个连接的区域，一个区域的玻璃下面紧贴着一个棋盘图案的地板，这个地板能活动，这个区域被称为浅区；另一区域，同样的棋盘图案样的地板被贴到距离玻璃平面几英寸（1英寸等于2.54厘米）的地方，称为深区。如果从玻璃平面上看，会有陡峭悬崖的视觉感觉，所以被称为视崖。

在实验过程中，研究者把6.5个月及更大的婴儿放在活动地板上，让妈妈站在对面想办法哄孩子分别爬过浅区和深区，结果，90%的婴儿能够爬过浅区，只有不到10%的婴儿能够爬过深区。这样的结果表明，处于爬行阶段的婴儿能够清楚地感知到距离，分辨得出深浅，所以，他们才会害怕“悬崖”。

在实验过程中，已有6～8周爬行经验的7个月大的婴儿常常拒绝从“悬崖”上爬过去，而且被催促后心跳会加速；相反，同样年龄的不会爬行的宝宝却没有出现害怕的表现。研究显示，产生这种差别的关键是自我生成位移的经验。与被父母抱着运动的形式相比，宝宝自己爬行的时候，他们能够把视觉信息、前庭觉信息、体觉信息的信息源系统性地关联起来，从而能够形成关于这些信息源是如何相对应的预期。会爬行的宝宝之所以在视崖实验中会出现恐惧不前的表现，就是因为婴儿对各种信息之间关系的预期受到了扰乱。

在宝宝成长的过程中，爬行是一项非常重要的运动形式。当宝宝四肢的肌肉有了力量后，他们先是拥有了自主翻身的能力，然后就准备或者开始自己的爬行之旅了。爬行是身体拥有的最早的自主位移动作，是身体各个部位配合度较高的活动。

在这之前，宝宝学会的各种动作里，没有哪个动作需要姿势正确才能完成。当宝宝爬行的时候，需要看路，需要四肢协调，还要从各种爬行姿势中选择一个最省劲的动作，看清眼前的路哪条可以安全通过。作为一项较高级的运动技能，爬行与社会技能、认知技能、知觉技能等的发展紧密相关，而且影响着宝宝感觉统合能力的发展。

但是，总有一些妈妈看不到爬行的重要作用，又担心宝宝在爬行的过程中发生意外：摔了、磕了、碰了等，她们要么提早教宝宝走路，要么抱着宝宝或者把宝宝放到小车里，总之，安全第一位，爬行的好处都被忽略掉了。

事实并非如妈妈们所担心的那样。著名的视崖实验已经表明，会爬行的宝宝已经具备了相当强的深度知觉能力。深度知觉指的是判断物体间的距离以及物体离我们的距离的能力。深度知觉对理解环境的布局和引导个体的活动很重要。比如，宝宝拥有了深度知觉才能准确地抓握物品，顺利地把饭吃进嘴里，安全地蹲起、站立，爬过障碍物，走路不撞破头，从高处下去能够小心翼翼不鲁莽，避免踩空摔跟头。

宝宝不是一出生就有深度知觉的。比如，3～4周大的宝宝，当一个物体朝着他们的脸运动到似乎要撞上他们脸的时候，宝宝才会防御性地眨眼。研究者把2个月的宝宝放在视崖的两侧，宝宝在深区的时候心率下降，说明他们兴趣提高，但是并没有知觉到距离，所以不害怕。

由此，研究者推测宝宝的深度知觉与动作发展有关，对于特别小的宝宝，他们的深度知觉没有很好地发展起来，父母更要细心照料，远离小狗、小猫、水盆、坑洼地方等，避免宝宝因为不小心碰到或者充满好奇地去探索而发生危险。

宝宝会爬了，说明他们已经具备了一定的深度知觉能力，父母可以放心地让宝宝去爬行，不管是在沙发上还是床上，不用担心宝宝会掉下去。很多时候，宝宝摔倒是因为动作不灵活，而不是宝宝无视深度危险做出错误判断所致。

行走：锻炼的不光是肌肉，还有行走的意愿

宝宝会走以后，体重基本达到了10千克以上，这个时候，如果宝宝还要让抱着，那么，照看人将会苦不堪言。10千克左右的宝宝不同于10千克左右的物品，拎着不动就往前走，他们在父母怀里动来动去、东瞅西看，往往容易阻挡父母的视线，导致他们走得更慢、身体更累。

宝宝任何一项能力的获得和发展，都是他们对这项能力最钟情的时候，刚会走的宝宝，他们要不停地走，从这里到那里、家里家外地走来走去，没有半刻停歇。当然，他们一定不只是走那么简单，他们要动，这里摸摸，那里看看，把这个拽出来，把那个塞进去，以前去不了的地方，现在自己就能到了，要爬上去看

看，钻进去摸摸。总之，宝宝要充分满足自己的好奇心，他们可不知道父母收拾房间的不容易。

这个时候，有的妈妈就烦了。在家里，他们让宝宝老实点儿，别到处乱动了。妈妈拿出玩具、吃的东西等，让宝宝坐着玩儿。在外边，宝宝也是一样地到处乱摸乱跑，为了安全和卫生着想，妈妈把宝宝局限在某个范围内玩耍。

有的妈妈养成了习惯，出门就推着小车，即使宝宝会走了，她们也让宝宝坐车，到了广场或者公园再把宝宝放出来。回来的时候，依然是小车推着宝宝。

以上做法导致的直接结果就是宝宝的行走能力不强，具体表现是，到了两三岁，一出门，没走几步，宝宝就让妈妈抱着。宝宝不走，一方面是累了，走不动了；另一方面是不想走，觉得抱着更舒服、省力气。

即使是最简单的行走动作，也有其复杂性，需要身体各个系统有效参与、密切配合，对小宝宝来讲，需要一个较久的练习和发展的过程。当儿童在运动反应中做练习和调整时，感官和肌肉之间的神经通道开始有效地组织在一起，这使得他们可以很自然地协调运动而不用有意识地思考每一次运动。

举个例子，当宝宝从台阶走下来的时候，第一次，他不敢，要扶着妈妈的手才敢下来，这个时候，他喜欢上了这个动作，不断地拉着妈妈的手上台阶下台阶。后来，他就能自己上台阶下台阶，而且特别喜欢，只要见到台阶就能玩儿好久。宝宝就这样通过不断重复和肌肉、关节的反馈，逐渐意识到上、下台阶如何不摔倒的脚步规律。

宝宝学习走路是一个过程，从开始走路到能够适应各种环境，需要3年左右的时间。在这个过程里，宝宝多走路，不但锻炼了宝宝的下肢肌肉和骨骼的力量，增强了关节活动的灵活性、韧带的柔韧性，以及对身体重心的掌控和平衡能力，宝宝在感受运动乐趣的过程中培养出了对于走路的兴趣，养成了走路的习惯。

所以，在宝宝从1岁以后会走路到四五岁能够正常走路这段时期内，都是宝宝锻炼走路能力、培养走路习惯的关键期，父母要支持宝宝走来走去的需要，多为他们创造走路的机会，宝宝才愿意走路，才不会一出门就让父母抱着。

宝宝的大脑发育与认知发展

儿童自身是智力发展的根本途径

对宝宝来讲，智力是一个关系到当下成长和未来发展的大命题。因为智力与学业成就有很强的相关性，与其他成就的相关性也很强。

孩子成长的过程当然也包括智力发育，如何让孩子的智力获得更好的发展，这是父母不该忽视的教养内容。心理学家皮亚杰认为，“智力”就是儿童用来获取知识的认知过程，儿童通过直接的参与经历与物质世界发生联系，促进了智力的发展。儿童对环境的参与度影响甚至决定着儿童的智力发展，这个伟大的认识让人们懂得了儿童是他们自己智力发育的决定因素，外界环境对智力发展的作用也不可低估。那么，儿童的智力是如何获得发展的呢?

儿童通过身体和心理活动建构知识，同时他们积极地参与问题的设置和解决。对处于感知运动阶段的宝宝来讲，他们的大部分行为和动作，都是智力活动，都能够提升他们的认知能力，丰富他们的个人经验。

宝宝的活动欲望非常强烈。两三个月的宝宝，如果已经被父母抱出去见过外面的世界，不管是鲜花烂漫的春季还是天高云淡的秋季，只要宝宝见识过了，那么，妈妈在房间里抱着他的时候，他的胳膊就会往外够，意思是要去外面。对宝宝来讲，外边的世界更加丰富多彩，激发他用感觉和内在的反射性行动去“思考”。随着宝宝不断长大，他的行动力增强，主动学习的倾向更强烈，到了两三岁，他会大喊：“妈妈，我要去外边玩儿。”妈妈带他出去了，他就不愿意回来。

外面的世界很精彩，使得宝宝在感受新事物的过程中不断地“去习惯化”，建立新的神经元联结，这样，大脑皮层增厚，认知能力获得提高，思维反应变快。

在宝宝的成长过程中，认知层面的适应像身体层面的适应过程一样，时刻都在进行着。宝宝一出生，就有了动作。新生儿的智力通过诸如吸、抓、头部的转动和吞咽这样的自发性行动表达出来。儿童不但借助这些自发性的代表着智力的动作与外界接触，还不断地修正这些动作，在这个过程中，宝宝既适应了环境，也发展了智力。

宝宝肩负着成长任务降临世间，出生后，他们就对声音、人形、气味、光、母体等进行摸索和感知，并做出反应。当他们摸到妈妈的脸，感受到妈妈的气味时，因为熟悉，他们会享受到很强的安全感。长大一些后，随着手部抓握能力、身体攀爬能力、身体各部分协调能力等的发展，宝宝的关注点不再是妈妈的脸、床头的玩具，而是越来越多的各种各样他们没有见过的物品，在宝宝眼里，物品没有高档与低劣、用处大小、是否有趣的区别，只要新奇，他们就要摸一摸、看一看、玩一玩，这是他们与环境相互作用的独有方式。

宝宝在与环境的相互作用中，组织自己的感觉和经验，通过对以往事件的评价，对当下事件的解释，对未来事件的期待，产生新的情绪和行为动机。所以，宝宝活动越多、见识越广，就越聪明。如果父母满足了宝宝的成长需要，成长就进入了一个良性循环的过程：不断接触新鲜事物—与环境相互作用—不断思考—不断成长—大脑越来越灵活。

大脑发育的关键期："先过剩，后减少"

在发展心理学中，有一个非常重要的概念叫"关键期"，关键期指有机体早期生命中某一短暂阶段内，对来自环境的特定刺激特别容易接受的时期。一个人的心理发展，不管是感知觉功能，还是语言功能或运动技能，都存在关键期。在关键期内，适宜的刺激和经验对生命体的发展起着决定性作用。

心理发展的关键期与脑结构和功能的可塑性密切相关。脑的可塑性指的是脑具有在外界环境和经验作用下不断塑造其结构和功能的能力。人类大脑具有终生可塑性，也具有发育的关键期。关键期是脑可塑性最大的时期。在关键期内，脑的结构和功能特别容易受到环境和经验的影响。

一个人的脑重在一生中的变化呈现倒“U”形曲线，出生时脑重是成人脑重的25%，到6个月时是成人脑重的50%，2岁时是成人脑重的75%，5岁时为90%。6岁前是大脑发育的关键期，而且年龄越小，脑在结构和功能上的适应和重组能力越强，受到环境的影响越大。

作为中枢神经系统主要组成部分的脑是由无数个神经元构成的。神经元是神经系统的基本细胞单位。神经元有一段长长的伸展部分叫作轴突，轴突负责给其他神经元传输信息。神经元之间没有实际接触，而是存在着微小的间隙，叫作突触。神经元通过神经递质穿过突触的方式来传递信息。大脑发育与脑中突触的变化趋势趋于一致，体现在突触数量的增减上。为了保证神经系统的运作效率，大脑需要修剪掉一部分神经元。人脑遵循用进废退的经济型原则，最经常被刺激的突触或者突触组合被保存并发挥功能。相反，较少受到刺激或者没有受到刺激的突触则被修剪掉。

婴儿出生时神经元的数量在1亿～2亿这个范围内。宝宝出生头两年中所形成的几十亿个突触的数量远远超过所需要的数量。随着婴儿的发育，那些没有与其他神经元相互联结的神经元就会变得多余，最终消失。消失的不仅有多余的神经元，还有突触。如果一个婴儿的经历没有刺激某些突触或者突触组合，那么这些联结就会像没有使用过的神经元一样被消除，这个过程叫作突触修剪。

意大利的小孩托蒂一只眼睛失明了，医生检查确定这只眼睛生理机制完全正常，那它为什么会失明呢？后来找到了原因。原来，在托蒂还是小婴儿的时候，由于这只眼睛发生了感染，被绷带缠住了2个星期。宝宝出生后，眼部结构和视觉神经系统仍然处在发育期，需要不断地接受外界刺激，促使神经系统发育。托蒂的眼睛在视觉发育的关键期没有接受足够的外界刺激，大脑认为这部分皮层“无用”，就修剪掉了，视觉功能没有获得正常发展。

在大脑发育的关键期内，外界环境如果能为儿童提供适当的刺激，脑的对应区域就能得到又快又好的发育。如果大脑缺乏刺激或者刺激不当就会出现突触修剪情况，导致相应的脑区发育不良，情况严重的会导致部分功能丧失。

宝宝不停地重复：动作、语言、行为

宝宝还在妈妈肚子里的时候，研究者通过B超就可以看到他们在一遍一遍地吮吸自己的手指，正是基于这样的重复练习，宝宝一出生就会卷起舌头，条件反射般地吮吸妈妈的乳汁了。

婴儿最初的、也是典型的特征是重复动作，婴儿有规律的重复动作是动作游戏的最初方式。有规律的重复动作是指婴儿没有目的的、重复进行的大肌肉动作，比如，踢脚、摇晃身体、伸出胳膊等。这种重复动作出现得比较早，6个月的时候达到高峰。有研究显示，1岁内的婴儿有5.2%的时间在做重复动作。

婴儿有规律的重复动作也出现在亲子互动中。比如，妈妈伸手，宝宝拉住；妈妈看书，宝宝也翻书。但是，这样的动作数量会越来越少。

按照皮亚杰的理论，宝宝在大概1个月以后，开始通过重复偶然行为，这些行为主要由基本需要驱动，经过基本的循环反应获得对行动的自主控制。这会引起一些简单的行为习惯，例如，吮吸他们的手指或者整个手部。

对宝宝来讲，重复是一种很重要的学习和体验方式。宝宝重复做一件事，一般都是在对于这件事还没有熟练掌握或者心理发展还没有进入下一个阶段的时候，需要通过不断重复帮助自己学会，并且记忆得更牢固，认识得更深入，在这个过程中，宝宝还能体验到成功和进步的快乐，心情大好。

重复不但帮助宝宝习得了某方面的知识，提升了能力，同时也促进了其大脑发育。从神经科学的角度来讲，学习经验在脑中以突触连接的形式保存，当个体习得新的知识、经验时，脑中神经元之间的联系增加，表现为新突触的形成，或已有突触连接的修正，使得突触的数量或形态发生改变。

大脑里突触的数量越多，突触之间联系越紧密，大脑皮层上那些大大小小的褶皱——沟回越深，大脑皮层的表面积越大，宝宝的智力越发达，思维活动越高效。但是，如果不断地重复练习，则不能促使神经元之间形成新连接，只是强化了已有的连接途径，突触数量不变。

父母不要担心小宝宝重复做一件事会变笨，宝宝很聪明，他们的重复是有时间限度的，超过了这个限度，宝宝的兴趣点就会发生转移，改变重复做的事情。

在重复做一件事的过程中，宝宝感到非常开心，因为在这个过程中宝宝享受到了拥有新本领的成就感，以及在掌握的基础上能够按照自己的意愿改变的掌控感。等过了一段时间，宝宝发现他再也不能从这件事情中找到新感觉时，自然就会把兴趣转向其他事。

宝宝每天都在持续快速地成长着，今天还不会说话的宝宝可能第二天就能开口叫“妈妈”了。宝宝内在的生长速度成人无法估计和想象。对于快速生长着的宝宝来讲，今天的“我”已经不同于昨天的“我”了，相同的一件事没有变化，但是做事的人已经有了内在的变化，因此宝宝每次都能在相同的故事中找到不同于以前的体验。乐此不疲地听着同一个故事，对于他来讲，不是单调的反复，而是每次都有新发现。

由此可见，孩子在某段时间重复地玩某个固定的游戏或玩具，是生命个体发展的需要，是孩子大脑发育、理解事物、认识世界的重要方式，需要被外界支持。成人世界的理解和支持要远远好于厌烦和制止。

斯金纳箱：操作条件反射

宝宝是如何快速地学会吃东西的呢？是怎么认出一件物品的呢？是怎么知道用手指滑动手机屏幕的呢？因为他们看到了别人怎么做，自身又拥有强大的学习能力，所以，很快就学会了。

发展心理学家提出了很多理论用来解释人的发展，学习取向是五种最主要的理论取向中的一种，行为主义是学习取向中的一种。代表人物之一斯金纳研究总结了操作条件作用的法则，使得这一理论更系统化。20世纪30年代后期，行为主义心理学家斯金纳改进了另一位为操作性条件作用理论奠定基础的心理学家桑代克的“迷笼”，设计了“斯金纳箱”。

斯金纳在他的箱子里装上一个操纵杆，操纵杆与另一个提供食丸的装置连接。在这个实验里，被试是小白鼠。斯金纳把饥饿的白鼠放在箱子里，观察到：白鼠偶然踏上操纵杆后，供丸装置自动落下一粒食丸。白鼠经过几次尝试后，发现按压操纵杆就会有食物出现，于是，它不断地按压杠杆，直到吃饱为止。在这个过程中，白鼠学会了用按压杠杆的方法取得食物，按压杠杆变成了取得食物的手段或者工具。

通过研究，斯金纳认为存在两种类型的学习：一类是应答性反应，与经典性条件作用类似；另一类是操作性条件作用，它不是由刺激情境引发的，而是有机体的自发行为。比如，宝宝想站到高处，又担心摔倒，他们就拉着妈妈的手；吃面条的时候宝宝用叉子；宝宝按开关打开灯等，当这些行为受到强化而成为特定情境中随意的或者有目的的操作后，宝宝就会主动地进行这些以及类似的操作，以此作用于环境，以达到对环境的有效适应。

在斯金纳的操作性条件反射中，小白鼠一开始并无意去按压杠杆，但经过不断地吃到食物的强化，它按压杠杆的速度越来越快，频率越来越高，直至最后一进入箱子就去按压杠杆。

在操作性条件反射中，有机体知道自己的行动与外界刺激的关系，从而可以操作环境或改变环境以满足自己的需要。宝宝不喜欢某个人，当看到这个人的时候，他就会哭，直到妈妈抱着他走开。这就是最基本的操作条件反射。

妈妈把一个摇铃放在宝宝枕边，宝宝无意中碰到了，发出悦耳的音乐声，宝宝很开心。以后，宝宝就会想办法去触碰摇铃使其发出声音，随着宝宝肌肉活动力的增强，他对摇铃的征服能力变强，摇铃发出的声音也越来越大。这就是一个操作性条件作用的过程。

随着宝宝的不断长大，操作条件被宝宝应用到范围更广泛的反应和刺激中。

比如，当宝宝注视妈妈的眼睛时，妈妈对他笑笑，宝宝会笑着再次注视妈妈的眼睛。当宝宝拿了妈妈的眼镜，妈妈说："不可以拿，碰到哪里，会碎掉的。"然后，妈妈做出一个明显的要打宝宝的动作。结果是，妈妈没有打宝宝。看到妈妈虚张声势的样子，宝宝被逗乐了。一会儿，宝宝又故技重演。宝宝一边冲着妈妈坏笑，一边假装去拿妈妈的眼镜，而且，特别期待妈妈再做一次吓唬他的打的动作。

在这个过程中，行为的结果增强了行为的反应率。这是一个强化的过程。强化可以分为正强化与负强化。正强化是通过呈现想要的愉快刺激来增强反应频率。小白鼠在按压杠杆的过程中得到了食物是一个正强化。假设小白鼠按压杠杆后得不到食物，后来，它一定不会有意地、频繁地按压杠杆。负强化是通过消除或者终止厌恶、不愉快刺激来增强反应频率。冬天，宝宝因为怕凉而不喜欢洗脸，妈妈在盆子里放上温水，用带热气的毛巾给宝宝擦脸，宝宝就愿意洗脸了。无论是正强化还是负强化，其结果都是增加行为再次出现的概率，促进行为的发生。

宝宝的延迟模仿能力

新生儿来到这个世界上后，还带着另一种学习的基本能力——复制他人的行为，人们把这种行为称作模仿。模仿是在观察的基础上学习如何做出一种行为。比如，有一天，妈妈点击手机的图片，让宝宝看照片，宝宝看到自己的照片非常开心。几天后，宝宝竟然能够自己拿过妈妈的手机，翻看图片了。如果宝宝看到爸爸妈妈读书，某一天，宝宝也会拿着书本“读”起来。宝宝怎么知道手机是可以这么操作的呢？怎么知道书要一页一页翻着看呢？当然是看到大人这么做就学会了。

宝宝是怎样学会的呢？他们经历了一个怎样的心理过程呢？心理学家们非常好奇，他们努力寻找其中的奥秘。心理学研究显示，宝宝具有延迟模仿的能力。延迟模仿是指即使榜样不在场时，仍然能够再现其行为的能力。婴儿之所以能够延迟模仿，是因为他们记住了过去发生的事情，产生和保持了有关的心理表象。遇到一定的情境，被激发就表现了出来。

今天看到的情景，过几天才表现出来，当孩子具备了这种能力的时候，他们就拥有了学习的能力。皮亚杰认为，儿童内在表征系统发展的最早表现是延迟模仿的出现。儿童在观看了他人的某一行为后，具备了能够将它再现出来的能力，这样的能力使得儿童能够将其所接收的各种表象信息以心理符号的形式储存起来，从而为思维的发展积累了大量的表象。

实验室研究表明，延迟模仿在宝宝6周大时就出现了。在实验过程中，当婴儿观看一名不熟悉的成人的面部表情后，第二天，这名成人再次出现时，婴儿会模仿当时观察到的这个成人的表情。这说明，这个年龄段的宝宝具有延迟模仿能力。

宝宝的延迟模仿能力随着年龄的增长而增强。心理学实验研究表明，6周大的婴儿可以在24小时后模仿成人的表情动作。12个月的宝宝也能够在12个月后的某个时间把他们印象深刻的事件模仿出来。对于13～20个月的宝宝来讲，大约有80%的个体能够把1年前发生的多步骤动作重复出来。大约在2岁时，宝宝能够在假装游戏中模仿完整的社会角色。

宝宝的模仿并不是简单的学样子，而是学习文化知识的一种灵活而又复杂的行为。宝宝对模仿对象的目标和意图很敏感，看到就记住了，而且能够快速发现其中的门道。宝宝靠着延迟模仿能力从别人那里学习世界的运转方式。这种学习仿佛是自然而然发生的。他们注意到事物间的联系以及发生的可能性，把自己的经验和从别人那里学来的经验结合起来，然后总结出最有效率、最灵活的处理方式。

因为具有延迟模仿能力，宝宝能够不知不觉地获取经验、知识，增长本领。宝宝几乎是看到大人做什么他们就要做什么。他们十分乐意学习使用工具，学习大人的技巧，他们乐于从大人发现的信息中提炼有用的信息。

智力发育：生命早期的重要任务

对于父母来讲，没有比期待宝宝拥有聪明的大脑更重要的事情了。那么，趁着宝宝的大脑正处于快速发育期，就采用科学的方法来促进宝宝的大脑发育吧。因为从大脑发育的角度来讲，智力发育存在关键期，而且是不可逆的。

认知心理学认为，生命体的早期经验对智力的发展影响很大，心理学家凯根称其为“发展的磁带模式”。这个模式认为，早期经验一旦被大脑录入，就很难有机会重写或者涂抹掉。比如，在第二次世界大战以后，那些因为在战争中失去了亲人而生活在孤儿院的儿童，因为刚出生不久就被送进了孤儿院，在那里，他们虽然吃得饱、穿得暖，但是其受到的来自抚养人员的关爱以及其他的刺激非常少，以至于影响了智力发展，具体表现为反应迟钝，缺乏社会交往能力，存在言语障碍等。

在20世纪60年代，美国北卡罗来纳州的一些社会学家开始研究人们的行为差异，提出早期教育是关键。研究者收集了111个来自贫困家庭或者未成年人意外怀孕后生育的新生儿进行训练，并定期对这些孩子进行智力测试。

这些经过训练的孩子的智力测试结果与没有经过训练的同龄孩子的测试结果进行比较，3个月、9个月、12个月龄的时候，都没有任何区别。但是到了15个月龄的时候，差异产生了。经过训练的孩子学习速度快、说话更流利，智力测验结果更高。到2岁的时候，差距开始变得显著。5岁的时候，他们一起进入学校接受相同的教育，受过训练的孩子始终保持着较高的智力测试成绩和优秀的学习成绩。

当孩子长大到一定年龄，即使发现了他们在智力方面不存在优势，唯一能做的事情就是在这个年龄层面上进行智力开发，而以前荒废了就荒废了。因为大脑的发育就是一个突触修剪的过程，人一出生，神经元的数量在1亿～2亿这个范围内，头两年中所形成的几十亿个突触的数量远远超过所需要的数量，大脑遵循用进废退的原则，就会有绝大部分的突触或者突触组合被修剪掉了。

宝宝是带着很少的能力来到这个世界的，比如，吞咽、眨眼、吮吸、抓握等。这些能力使得婴儿能够探索他们所接触的环境并且形成日益复杂的概念和理解，从而促进身体器官、大脑、思维、行为能力等的发展。所以，要给宝宝充分的机会让他们应用这些功能，并在此基础上唤醒和发展其他的功能。人脑具有可塑性，会发生突触修剪，一种能力一旦形成了，如果不马上用它，这种能力就会慢慢消退，孩子在做这件事情的时候就会感到越来越难。

对于1岁前的宝宝来讲，当他反复把一件东西扔下床的时候，不管大人有多烦、多累，捡起来、递给他，都是对他行为的鼓励，与宝宝安安静静地躺在床上相比，“扔”这个动作更能够促进他大脑皮层新突触的形成。

感知觉能力：感知觉剥夺实验

宝宝出生以后，他们的感知觉能力快速发展到或接近成人水平，这样的发展速度才能适应宝宝身体、大脑的快速发展需要。感知觉与动作发展相辅相成，较强的感知觉能力是宝宝行为动作的前提，同时，动作促进了宝宝在感知过程中产生感知觉信息。

感觉是人脑对直接作用于感觉器官的客观事物的个别属性的反映。知觉是人脑对直接作用于感觉器官的客观事物的各个部分和属性的整体的反映。人类以感知觉活动来认识世界，发展自己。

举个例子，桌子上摆着一把香蕉，宝宝看到香蕉是黄色的，好几根排着连在一起；捏一捏，外皮有点儿硬，剥开，咬一口，甜甜的、软软的，这些都是宝宝通过感觉器官感觉到的。某一天，宝宝再次看到香蕉，一眼就认出来是一把香蕉，这个就是知觉过程。在宝宝确定是一把香蕉的时候，就已经知道这是水果，能吃，当他感到饿的时候，会主动要求“吃一根香蕉”。

宝宝刚出生时不具备这样的能力，他们是从大人那里学来的或者来自自己的认知经验，这样，他们才具备了对事物的辨识能力。

宝宝认识并了解香蕉的过程就是一个感知觉过程。成长就是由无数个这样的认知过程托举起来的。如果宝宝没有获得这样的认识机会，会怎么样呢？心理学上有个著名的实验，叫作“感觉剥夺”实验，这个实验能够让人清楚地看明白一个人“被剥夺感知觉”机会后，会出现怎样的结果。

加拿大心理学家贝克斯顿曾经做了一个著名的“感觉剥夺”实验，实验开始后，被试安静地躺在实验室的一张舒适的床上，在这个房间里，没有灯光、声音、气味等，被试看不见任何东西，被试手上戴着软绵绵的手套，脚上包着东西，总之，实验人员做到了不让被试的感觉器官接受到任何刺激，就连吃喝这些事情都不需要被试移动手脚。

实验开始后，被试还能安静地睡着，接着就失眠、不耐烦，急切地寻找刺激，他们唱歌、吹口哨，不断地变换着活动方式，这样的形式，他们最多能坚持两三天。被试从房间出来后，身体、动作变得不再协调了，就连“把小棍插入洞里”这样简单的活动都无法顺利完成。可见，当一个人的感觉被剥夺后，他的智力会出现障碍。

一个成人感觉被剥夺后就不能成为一个“正常的人”了，对于6岁前的宝宝来讲，如果不给他们创造适宜的环境，让他们的感知觉器官接受刺激，他们就难以很好地成长，自身潜能就不能很好地被开发。因为宝宝通过对外界的感知来认识世界、发展自身能力、促进身体各个器官的发展，与成人相比，他们的感知觉承载了更多的自我发展的任务，一些感知器官的功能如果在关键期里没有得到开发，可能会永远地失去发展的机会，留下终生的遗憾。

宝宝的大部分感知觉能力是生来就有的，却需要在不断长大的过程中发展、成熟、变强。这样的变化体现在宝宝与外界接触过程中认知能力、操作能力和社会交往能力的提升，宝宝的这些能力提升了，他们才能拥有顺利有效地完成某种活动所必须具备的心理条件。

吃手、啃脚丫子：口的敏感期

在这个阶段，宝宝有一个特别的行为方式——吃手、啃脚丫子。如果父母观察得足够仔细，在宝宝吃手、啃脚丫子的阶段，当他们看到别人吃东西的时候，会被吸引，然后张嘴“啊啊啊”，宝宝的意思是“我也要吃”。

宝宝有这样的反应，说明宝宝长大了。虽然他们在母体里的时候就能做出吮吸的动作，但是，看到别人吃东西就想吃却不是与生俱来的，而是模仿来的、学来的。当宝宝第一次吃到美食以后，再次看到父母吃东西的时候，因为第一次品尝到美食的结果强化了他们的行为，到第二次，他们想吃的欲望更强烈。

有的妈妈很奇怪，没人告诉宝宝这些食物能吃啊，他们怎么就会要了呢？他们为什么玩儿着玩儿着就把手伸进嘴里吃起来了呢？没到喂奶的时间，应该不饿啊，他们不光吃手，还啃脚丫子。当他们的行为受到阻碍的时候，比如，妈妈把宝宝的手从嘴里拽出来，他们会表现得很执拗，会再次把手放进嘴里。而且，在相当长的一段时间内，他们还会咬人、咬物品，这既是他们认识世界的过程，也是情绪发泄的方式，更是关键期内特别的行为表现。

宝宝的这些“吃”的行为也是受内在生命力的驱动服务于成长的。在1岁前，如果宝宝口的欲望被充分满足，有充足的机会吃手、啃脚丫子或者其他的食品、安全玩具，那么，宝宝在口欲获得满足的同时还唤醒了手，生命发展的阶段性重点就转移到了手部，从此，宝宝认识世界的方式不再是单纯的用嘴咬，而是加入了用手去触摸的动作。

在对于儿童口的研究中，奥地利心理学家弗洛伊德认为这是性心理发展的表现。弗洛伊德是精神分析理论的开创者，按照他的观点，1岁前，宝宝处于口欲期，喂养是性快感的主要来源。大人支持宝宝的口唇活动，宝宝的口欲获得充分的满足，那么，宝宝就会觉得自己是安全的、被喜欢的、被重视的，他们内心稳定，就能快乐成长。否则，宝宝就可能发生口唇期人格固着，遇到挫折或者不如意的事情，这个点就会被激活，很容易形成依赖型人格。

所以，父母要了解并重视宝宝的口唇期需要，这是生命发展过程中直接影响人格建构的大事。当宝宝进入口的敏感期的时候，父母要以合理的、恰当的方式满足宝宝的口唇需要，这么做才是对宝宝成长的最大支持，才是最利于宝宝成长的科学的教养方式。

语言发展：0~1岁，宝宝处于前语言阶段

1岁左右，有的宝宝会说话了，会喊“妈妈”“爸爸”“狗狗”以及其他的一些单词句。单词句是指儿童用一个单词来表达出比这个词语意义更为丰富的意思。

此时，宝宝嘴里的单词句，并不是指具备某一个特点的事物，比如，他们喊“妈妈”并不单单指代着妈妈这个人，而是蕴含着一定的意思的，“宝宝想妈妈了”“妈妈去那边了”“妈妈来了”等。宝宝嘴里的词语代表的意思与当时的情境密切相关，不过，随着宝宝表达能力的增强，他们嘴里的词语逐渐从情境中分离出来，语言表达不再那么笼统，父母理解起来也变得容易了。

在1岁以前，虽然宝宝不能用语言和大人沟通，但是，这个阶段却是宝宝语言获得发展过程的核心期。这个阶段宝宝发展得好，后面进步就特别快。父母不要觉得刚出生的宝宝只有生理需要，这样会导致只关注他们的吃喝拉撒睡而忽略一些很重要的成长内容。

父母缺乏教养知识，不能准确把握教养时机会导致孩子错失一些成长机会，这是每对父母都该时刻放到心上的事情，毕竟成长是一件难以从头再来的事情，

错过可能意味着永久的失去。

关于宝宝的语言发展，父母需要知道，宝宝其实从一出生时起就表现出了言语偏好，他们对于人类的话语在音高上相似的其他声音高度敏感，然后，从2个月开始，他们就对大人的声音有了回应。这个时候，父母变换着语调，用宝宝最喜欢的慢语速、高声调、夸张的表情和声音对宝宝说话，更利于宝宝理解语言的意思，并做出回应。不断地对宝宝说话，使得宝宝有机会从大人的话语里把握语言的韵律特征，从而去察觉和辨别语言单位，对不同的声音进行归类。

父母一定要明白，在习得语言的过程中，宝宝遵循的是“理解先于产生”的规律，也就是说，在他们还不会开口说话的时候，父母对他们说话，他们没有充耳不闻，而是默默地开动脑筋去辨别、去理解、去习得了，直到有一天，当他们有了回应的时候，说明他们已经掌握了这部分内容。

在前语言阶段，宝宝语言的发展大致经历三个阶段：0～3个月的时候，宝宝会发出一些元音以及少量的辅音，这属于简单发音阶段。如果父母能置身宝宝的语言情境中，和宝宝说起来，即使宝宝只会躺着，他们也是高兴地和大人“喔喔”。4～8个月的时候，宝宝的连续发音明显增多，这属于连续音节阶段。9～12个月以后，宝宝开始能够模仿成人说话，他们能发出更多的声音，而且声音与具体事物联系更紧密，距离开口说话时的准确发音已经很近了，这是学话萌芽阶段。

父母以及家人是宝宝学习语言的主角，所以，父母一定要多和宝宝一起玩耍、说话、唱歌、读绘本、讲故事，才是正确的教养之道。

宝宝的情绪与情感

孩子的情绪参照能力：心理参照模式

心理学家沃克向5个月大的婴儿呈现两部电影，电影中出现一个陌生的成人。在其中的一部电影中，成人很生气地说话，同时面部表情和姿势也是很生气的样子。在另一部电影中，成人高兴地说话，面部表情和姿势是开心的样子。结果显示，只要配音和内容相符合，婴儿观看电影的时间就比较长。这在一定程度上说明，到了5个月大的时候，婴儿已经具有了关于不同情绪和情绪如何通过面部及声音表达出来的一些知识，这预示着宝宝开始具有社会性参照的能力。

妈妈笑宝宝也笑，妈妈哭宝宝也哭，妈妈着急宝宝也着急，这体现的是宝宝的一种社会参照能力。婴儿和年龄较小的孩子会逐步发展出社会参照能力，宝宝的社会参照最早出现在9个月的时候。在那个著名的视崖实验中，研究者将宝宝放在浅区一侧，也就是玻璃和地板紧贴的那个部位，妈妈站在深区一侧，也就是玻璃和地板距离较远的一侧，当妈妈面带恐惧地要求宝宝爬过去的时候，他们不会过去；当妈妈很开心地鼓励宝宝爬过去时，宝宝会检查一下玻璃，然后爬过去找妈妈。

看来，婴儿能用从社会世界中所获取的信息来指导自己的行为。婴儿不能确定深区是不是安全的，于是他们凭借妈妈的表情信息来作出判断，他们断定妈妈的表情是对于目前形势的判断，于是，就做出了不能爬过去的选择。

当在模糊的情境下，成人会依据他人的情绪反应做出相应的反应。宝宝也一样，当他们处于某种情境当中而搞不清楚状况，不知道是接纳还是逃避的时候，很容易受到大人情绪的影响。

宝宝不但参照父母的情绪表现表达情绪，还会习得父母的情绪表达方式。当宝宝因为伤心、难过而哭泣的时候，父母接纳、认同宝宝的情绪表现，更能平复宝宝的心情，宝宝感受到父母的理解和关爱后，也就习得了一种积极的情绪沟通模式。这样，当宝宝遇到他人情绪不好的情况时，就会试图去理解、倾听、认同他人的情绪反应，接纳他人的情绪表现，不跟别人的情绪较劲儿。

大部分父母遇到伤心难过的事情，在宝宝面前都会控制自己的情绪，以免宝宝受到影响而伤心、难过。对小宝宝来讲，这么做有利于他们内心的安稳，以免他们处于无端的惊恐当中而失去安全感。

新生儿的情感倾向：母婴依恋

宝宝一出生就会寻找和妈妈情感上的依恋，当照顾人是妈妈时，妈妈对宝宝反应的敏感性很强，宝宝就能恢复“子宫里”样的母婴依恋。英国精神分析学家、心理学家鲍尔比指出，依恋是指个体与他人之间的一种强烈、持久且亲密的情感联结。这种联结倾向于寻求和维持与某个特定对象的亲近关系，它不仅建立在喂养关系上，更重要的是情感层面。宝宝在强大的情感联结欲望的驱使下，会努力寻找妈妈的关爱。

宝宝需要妈妈陪在身边，摸摸他们的小手，亲亲他们的小脸；尿了，及时更换纸尿裤；饿了，喂饱宝宝的肚子；特别是宝宝睡醒了后，他们更渴望见到妈妈的笑脸。亲亲宝宝，抱抱宝宝，跟宝宝说说话，在宝宝的意识里，都是妈妈对他们的关心。

在特别的时刻，宝宝更需要妈妈给予贴心的慰藉。当宝宝有了不安全的感觉时，就会向妈妈寻求保护和安慰。如果他们的需要没有得到及时满足，他们就会产生不满和焦躁情绪，蹬着小腿，哇哇大哭，这时，最管用的安抚办法就是妈妈把他们抱在怀里，细心安慰。

当宝宝躺在自己的小床上不肯入睡时，妈妈可以把宝宝抱到自己的大床上。宝宝出生以后，妈妈在身体条件允许的情况下，尽可能多地和宝宝睡在一张床上，多亲吻、抱抱宝宝，这样能让宝宝感受到妈妈的气息、温度，宝宝就会觉得自己和妈妈仍旧是一体的，内心就会无比安定。

平日里，妈妈多和宝宝进行情感交流。宝宝很愿意亲近妈妈的肌肤，特别是在吮吸乳汁的时候，宝宝一边吃一边看妈妈，如果妈妈也看着宝宝，对着宝宝笑一笑，用手指肚轻轻爱抚宝宝的脸颊，这个时候，宝宝会感受到妈妈的眼睛里充满爱意，内心会很温暖。

抚触：特别的情感传递模式

人在触摸和身体接触时情感体验最为深刻。宝宝和父母接触时，他们更能感受到来自父母的爱和关心。对于襁褓中的宝宝来讲，他们的身体活动力不是很强，不能自主地表达对爱的需要，需要父母主动地向宝宝表达爱。即使稍大的宝宝，他们搂着妈妈脖子、要求妈妈抚摩的时候，妈妈还是不能读懂宝宝爱的需要。

宝宝想通过抚触的方式和父母沟通，父母做到了吗？

事实上，很多父母并不懂得抚触这种爱的表达方式对宝宝的成长有多么重要的作用，忽视亲子之间这种爱的沟通方式，严重地影响了孩子的成长。

第二次世界大战后，法国一家孤儿院收容了大量弃婴，这些弃婴在饮食上获得了充分的满足，但是成活率很低，即使生存下来的也是疾病不断，一副发育不良的样子。后来，孤儿院增加了保育员，她们喂奶时抱着宝宝，并给予触摸，孩子们食欲大增，大大提高了成活率。

20世纪50年代，美国的一位心理学家哈洛，偶然发现小猴子特别喜欢毛巾，会将毛巾紧紧地抓在手里，当哈洛把毛巾拿走后，小猴子会尖叫抗议。小猴子这样的表现启发了哈洛，哈洛用跟人类有94%相同基因的恒河猴作为研究对象，来研究人类的需求是什么。

在实验过程中，哈洛先制作了两只特别的“母猴”，一只外表是铁丝网，腹部上方有个橡皮“乳头”，如果小猴接触到这里，奶水从乳头上的洞里流出来就能喝到奶；另一只由厚纸筒套上绒布毛巾制成，没有奶，但是周身摸起来软软的，看上去暖融融的。

制作完成后，哈洛把一群刚出生的恒河猴放进笼里和两只“母猴”在一起生活。哈洛观察到，小猴饿了，就去铁丝母猴那里吸奶，开始几天里，它们都很喜欢这位能够提供奶水的铁丝猴，都围在它身边。又过了几天，情况变了，小猴除了饿了去铁丝猴那里吸取乳汁外，其余时间都围着绒布母猴，趴在它的胸前蹭它的身体，抚摩它的脸，做出很亲昵的动作。

哈洛用这个实验证明了，成长需要抚触。抚触是母亲向孩子表达爱的重要方式。如果儿童得不到抚触，就会皮肤饥渴，身心发育都会受到影响。

英国教育家斯宾塞说："事实证明，如果对自己的孩子多一些拥抱、抚摩，有时甚至是亲昵地拍打几下，孩子在对外交往以及智力、情感上都会更健康。"皮肤上布满了神经末梢，能够刺激宝宝的神经活动，促进神经系统的发育。抚触能够促进胃肠道激素分泌，有利于消化食物。有研究显示，有过敏性结肠综合征而导致肠痉挛的宝宝，经常接受抚触，结肠的问题会比较少。

宝宝和妈妈的依恋独立于物质需求之外，是照顾者与婴儿之间情感联结的需要。宝宝在子宫里，亲子之间靠着血脉相连在一起，宝宝出生以后，妈妈的手就成了最重要的联结纽带。只要不影响宝宝休息，妈妈随时都可以用指尖轻轻抚触宝宝的身体。

享受了较多父母拥抱的宝宝与只是自己躺着的宝宝相比，日常哭闹的次数要少很多。妈妈的拥抱，对宝宝来讲，是一个很好的情感安慰，对宝宝的抚触效果要好于专业机构。

依恋：在家里实现的情绪社会化

鲍尔比认为宝宝的"内部工作模型"主要以无意识方式运行，并且一旦建立起来便永久存在，它不仅对儿童的行为反应模式起着决定作用，而且为个体理解并预测环境、做出适宜生存的反应、建立并保持安全感提供了基础，成为未来人际关系的参照系。

在生命早期宝宝与人互动的过程中，会根据依恋对象的可亲近性和反应敏感性等外部因素，形成一系列有关自我和他人的心理表征。鲍尔比称这种"内部工作模型"的实质是儿童对自我、他人以及人际关系的一种稳定性认知。所以，如果有人担心安全型依恋关系会影响宝宝的独立，就完全没有必要，被爱的感觉使得宝宝对自己充满信心，对世界充满热情，他们觉得这个世界是美好的、欢迎自己的，自己也是被喜欢的、被呵护的，所以，成长的动力更强大。

依恋是宝宝的本能，确保婴儿能够生存下来，促进了情感上的安全感，打下了社会化的基本模式。3岁前，如果宝宝要和妈妈建立起安全型依恋关系，宝宝就会感到被爱、安全和信任，能够与人建立信任而持久的人际关系，善于寻求社会支持。这样的孩子身体里充满了生命的活力，他们努力成长，身心各个方面发育得都很好。在探索环境的过程中，这样的孩子表现出更多的积极性和主动性，认知能力快速提高。可以说，安全型依恋是宝宝“生命大厦”的良好根基。

1.饿了，就让宝宝吃到

宝宝一有饥饿感或者想吃的欲望时，妈妈就给宝宝提供适合的食物，宝宝吃饱之后，就会有美好的感觉——自己是受欢迎的，并愿意努力生活下去。

2.让宝宝保持身体的干燥、温暖

小宝宝每天大小便次数较多，起初没有规律，这就需要妈妈细心体察宝宝的神情变化，才能做到及时“服侍”宝宝。当宝宝身体摇摆、表情痛苦、哭闹的时候，就要看一看，宝宝是不是尿了或者大便了，如果是，要及时给宝宝更换纸尿裤。

3.及时满足宝宝的情感需要

母婴联结建立起来后，宝宝内心的感觉是安全的，因为他们找到了记忆中“妈妈的样子”“妈妈的味道”，但是他们需要时时感受到这份来自妈妈的安全感，否则，情感联结就会断裂，他们就会陷入孤独与恐惧的感觉当中。撇嘴要哭、哭闹、喊叫、蹬腿、扔玩具、让妈妈抱等，是他们呼唤妈妈、表达情感需要的常用方式，如果妈妈发现了，要及时满足宝宝。

让宝宝笑起来

微笑是婴儿表达情绪最为常见的一种方式，当遇到令他们满意、高兴的事情时，他们就会咧着小嘴微笑。这样的微笑被称作社会性微笑。社会性微笑是婴儿对外部刺激做出反应的微笑，宝宝到了6～8周大的时候才会出现社会性微笑。当婴儿看到人的笑脸时有了反应，会对着他人微笑。五六个月后，宝宝能够认出熟悉的人的脸，这是因为他们的认知能力有所提高，有了自己的喜好，对有的人他们会微笑，而对有的人他们会哭泣。

如果父母观察宝宝足够仔细，会发现宝宝几乎是一出生就会微笑，并没有遇到外界的刺激。这是反射性微笑，这种微笑在出生后的第一个月出现，宝宝在熟睡中父母就能见到，尤其是处于快速眼动睡眠阶段更常见。这种微笑不是对外部刺激做出的反应，而是内源性的，与中枢神经系统的活动不稳定有关。

为什么在6～8周，宝宝会出现社会性微笑呢？

研究者认为在生命初始的几周里，宝宝的视力很模糊，他们的视力范围在面孔以上的部位，6～8周以后，宝宝开始观察人们的面部特征，也有机会观察到人们的微笑。这是因为，这个时候，宝宝可以像成人一样注视物体和辨别颜色，能看清他人的表情。

当然，宝宝视力的发展只是社会性微笑形成的一个方面，视觉是否发育成熟不影响宝宝表达情绪，但是却限制了他们对视觉刺激的反应能力。研究者通过对失明婴儿进行研究，发现失明婴儿的父母更多地通过肢体动作与宝宝玩耍，这些失明婴儿也常常微笑。所以，父母常常与宝宝互动，多对宝宝微笑，让宝宝感到愉快，才是促进宝宝社会性发展的关键。

当婴儿刚刚学会社会性微笑的时候，不管是对熟悉的人还是陌生的人，他们都不会吝惜自己的微笑，想笑就笑。但是到了五六个月以后，他们只对熟悉的人和喜欢的人微笑。这个时候，给宝宝创造机会多跟熟悉的、喜欢的人玩儿，宝宝会更开心。

当然，笑除了让宝宝心情好以外，对身体、智力、社会性发展都很有利。

美国华盛顿大学的医学专家在系统地研究了年龄与智慧之间的关系后得出结论：爱笑的孩子大多很聪明。

所以，父母要多做让宝宝开心的事情。比如，让宝宝较多地和妈妈待在一起，宝宝有需要了及时满足，多和宝宝做游戏，多带宝宝出去玩儿等。

有时，宝宝需要哭一哭

哭是宝宝一出生就拥有的情绪表现。对于新生儿来讲，他们饿了、尿了、想睡觉了、肚子胀气了、身体感到不舒服了等，都会哭泣。

对宝宝来讲，哭泣能够快速、高效地向父母传达他们的情绪，父母捕捉到宝宝不安的信息后，会立马过来照顾宝宝。宝宝明白了哭是生命初期得到关注和照顾的唯一方式，他们有需要了，就会非常自然地选择用哭泣的方式表达出来。哭不但帮助宝宝传递了他们的需求，而且这样的条件反射行为能够促进宝宝神经系统的发育。

有的宝宝不饿也会哭泣。只要身体没有什么疾病，正常的啼哭可以促进宝宝肺活量水平的提升，帮助他们吸入大量的新鲜氧气，较多地排出二氧化碳，增加肺活量。当宝宝哭泣的时候，能够调动起身体各个部位的运转，加快血液循环，促进新陈代谢，促进肠胃的消化，增进食欲。

民间常说的一句话是“会哭的宝宝有奶吃”，对于粗心的妈妈来讲，如果宝宝不哭泣，她可能不知道宝宝饿了或者尿了，如果是这样的话，宝宝就要受苦了。所以，哭泣是宝宝一项宝贵的生存能力，父母要特别重视。

当婴儿有了饥饿、身体不舒服等不愉快的感觉时，会哭泣，这些时候的啼哭往往伴随蹬腿、闭眼、挥舞胳膊等动作，仰面躺着的时候，动作更猛烈，这些动作随着年龄的增加而消失。大概到了6个月时，这样的啼哭会大大减少。

一般情况下，生理性啼哭的时间都比较短，一天能哭好几次。

当宝宝受到惊吓、打扰、震动或者不良刺激的时候，也会啼哭。这种啼哭一般从两三个月后开始出现，带有特别明显的面部表情。比如，当宝宝受到打扰而情绪焦躁睡不着觉，开始啼哭的时候，哭声是一阵一阵的，眼睛半闭着；当宝宝受到惊吓的时候，会抽搐一下或者突然大哭起来，而且哭声刺耳，眼睛瞪大，或者东张西望。宝宝再大一些后，当他们感到孤独、寂寞或者想念妈妈了，也会大声哭。

对于6个月以前或者1岁半以前的宝宝，他们还不善于用语言表达自己的需求，特别是处于不良情绪状态下的时候，父母要善于通过宝宝的哭声来辨别宝宝的需求，并及时给予满足，这样，宝宝感到父母理解、爱自己，他们就会信任父母，感到愉快而满足。

避免并及时处理孩子的恐惧情绪

父母很害怕宝宝被吓到。

心理学研究说明，宝宝对恐惧的引发因素具有很强的记忆力，因此形成的认知会影响他以后的情绪和行为。而且，恐惧的极端形式能产生严重的消极结果，即恐惧症。所以，为了避免宝宝对某件事情或者某种物质产生习惯性恐惧，当宝宝有了恐惧情绪后，父母不仅要帮助宝宝远离危险，避免被伤害。还要帮助宝宝把负性情绪宣泄出来。

较之于大人，小孩子更容易被吓到。对大人来讲不算什么的情况，孩子就害怕了。1岁前的宝宝更容易被吓到，当他们遇到不能理解的事情时、被父母冷落时、环境变化时、家人发生争吵时等，都可能产生恐惧情绪，并因此而大哭。这个时候，孩子需要亲人，尤其是最能给他们带来安全感的人（一般是母亲）陪在他们身边，给予关注，允许他们通过哭泣、喊叫等方式宣泄出恐惧感，被暖暖地抱着能增强他们的安全感。

父母要善于观察，了解小孩子的内心世界，知晓他们怕什么，什么会令他们恐惧、不安，避免和尽早远离这样的情境。有的时候，父母可能错判了孩子的感觉，没能提前防备，为了避免宝宝因为恐惧而被吓坏，父母要学会识别宝宝因为恐惧而出现的外在表现，从而帮助宝宝远离恐惧。

心理学家研究了大量的恐惧面孔后观察到，当有了恐惧情绪后，人会眉毛升高、睁大眼睛以及呼吸急促。睁大眼睛可以增加看到潜在危险的能力，甚至看到周围视野中所存在的威胁。人类对婴儿的照顾和关爱普遍存在，除非这个人失去了理性才不会顾及婴儿的感受。婴儿因为看到了害怕的人或者动作哭泣的时候，会张大嘴巴，有时哭得上气不接下气，大口喘气，这样可以让婴儿获得更多的氧气而避免窒息，以便于哭过恢复情绪后，快乐地玩耍。

所以，当宝宝和妈妈在一起，宝宝突然张大嘴巴，眼睛瞪得圆圆的，有大哭或者想要离开的意愿出现的时候，妈妈不但要抱着宝宝离开，还要搞清宝宝为什么会这样，然后等宝宝情绪平复后，给宝宝讲清楚具体是怎么回事，当宝宝了解了情况以后，再给宝宝吃颗定心丸：“妈妈会保护你。”

有的时候，宝宝会表现得非常急躁、不耐烦、情绪不稳定，甚至不合作，父母要细心观察，搜寻孩子这几天的经历，看看是否存在被吓到的情况，比如，遇到过面目或体形奇怪的大狗，被人逗弄过，被大人凶过，被什么扎了手指，最心爱的玩具不见了，等等。很可能孩子内心的害怕就与这些事情相关，多陪陪孩子，陪孩子面对导致恐惧的因素。鼓励孩子面对，在父母的陪伴下，孩子看清真相，就会建立新的认知。一次或者几次的接触，就能释然了。

小宝宝的怯生反应：怯生心理

宝宝大致在6～8个月以后，会表现出怯生的现象。比如，他们见到陌生人会哭泣；陌生人想抱抱他，宝宝立马就把头扭过去了。家人带宝宝出门，进入一个陌生的环境，有的宝宝可能会哭得上气不接下气。有的父母会觉得宝宝胆子太小，性格不开朗，其实父母要去理解宝宝的心理。

任何外显的行为都有其内在的心理活动来支撑，宝宝并不是生来就怕陌生人，为什么稍稍长大后，见了陌生人就会扭头呢？是什么心理促使宝宝有了害怕生人的表现呢？这是一个什么样的心理发展过程呢？

宝宝小的时候一点儿都不怕陌生人，特别是在三四个月的时候，只要人家友好地逗一逗，他们就会咧嘴笑。那个时候的宝宝好像对任何人都怀有新鲜感，对待陌生人和身边人并没有多大区别。但是，逐渐地，宝宝对陌生人会“另眼相看”了，怯生反应也越来越重。5个月左右的时候，宝宝见了陌生人会出现“警惕性的注意”现象；6个月左右的时候，宝宝见了陌生人会出现较明显的严肃、紧张的神态，对妈妈则最为依恋；到了8个月，宝宝对陌生人的表现就更加升级了，会有哭闹、回避等较强烈的情绪反应，这个时候，宝宝的怯生表现达到高峰。随着宝宝的逐渐长大，他们的怯生反应会逐渐减弱。

在这期间，有的宝宝的怯生表现会强烈一些，有的宝宝只是偶尔有过几次轻微的小“怕怕”，很快就恢复过来了。有的宝宝则不然，一见生人就哭，持续了几个月后才消停。这些都很正常，宝宝生长在不同的家庭，家庭成员的多寡、父母是否经常带宝宝出去活动、宝宝见人多不多，对宝宝见到陌生人时的反应都会产生影响。

从成长的角度来讲，宝宝有了怯生的表现，一般情况都很正常。几个月的宝宝出现怯生，较好地说明了宝宝的感知能力、辨别能力、记忆力及人际交往能力获得了发展。宝宝具备了识别熟人、注意陌生人的能力，才会对生人有恐惧情绪，然后就哭泣了。

从情绪发展的角度来看，宝宝对陌生人的恐惧也跟整体的恐惧能力发展有关。婴儿对陌生人的恐惧尤其表现在对陌生成年男性的恐惧上。为什么呢？其中一种解释是成年男性看起来比较高大，并且越高大越可怕。另一种解释与进化有关，在这个哺乳动物进化的过程中，成年男性会对婴儿造成潜在的危险，于是，人类进化得从婴儿期开始就具备了警惕陌生成年男性的倾向。

怯生是宝宝心理发展过程中的一种正常现象，从一见到陌生人就盯着看，到见了陌生人紧紧搂着妈妈的脖子，是宝宝心理发展进步的表现。几乎每个宝宝在一段时期都会经历这个所谓的“怯生期”，只不过不同气质特点的宝宝又有着不同的“怯生”表现。

不同宝宝有不同的气质特点，如果宝宝是容易抚养型的，他们适应环境的能力强，妈妈适度引导就能接纳陌生人；抚养困难型的宝宝适应环境能力差，对新异刺激消极被动，见到生人可能会大哭。如果宝宝缠着妈妈，妈妈要保持耐心，不让宝宝过度焦虑。

傍晚时分，宝宝为什么会哭闹

“黄昏焦虑症”是指宝宝在一定年龄后在傍晚时分会出现烦躁爱闹的现象，显得很焦虑。父母需要搞清宝宝在各个年龄段焦虑的原因，才能细心调整。

1.疲劳难入睡

3个月前的宝宝，到了傍晚容易疲劳。儿童心理专家认为，与普通人一样，宝宝到了傍晚也会感到精神疲惫。

与成人不同的是，小宝宝神经系统还未发育成熟，很容易疲劳。当他们感到疲劳时，就会较多分泌肾上腺素，会感到烦躁，因此而哭闹。宝宝不能调整精神状态，难以从压力中解脱出来，导致入睡比较困难。

对于此时的小宝宝，哭一会儿，状态调整过来，也就睡着了。如果宝宝有肠绞痛，不舒服的感觉会搞得他们难以入睡。

3个月以前的宝宝分不清白天和黑夜，他们大脑中分泌的褪黑素非常少，不容易入睡。为了帮助宝宝养成规律睡眠的习惯，先要让他们分清白天和黑夜，所以，白天就不要刻意挂上窗帘、把家里弄得特别安静，晚上，宝宝睡着后就要关灯。这样，就能逐渐帮助宝宝建立起一个认识，白天可以睡可以玩儿，但是晚上必须睡觉。

2.6～8个月，太兴奋，又累，不想睡

6～8个月的宝宝最向往外面，出去就高兴，活泼好动，喜欢与人交往，好奇心强，什么都要看一看，摸一摸，困了，也不愿意睡觉。吃饱了，父母想着让他们睡觉，宝宝玩儿不够或者太困了不想睡，为了宣泄疲惫，他们就会哭泣。父母需要把他们带出去，他们才开心。

如果白天睡多了，晚上会晚睡，第二天却不能晚起。正确的做法是，白天多玩儿，增加宝宝的活动量，放在婴儿车里去公园遛弯是个很好的消耗能量的方法，满足他们看世界的欲望后，夜晚睡眠会容易些。

3.10～12个月，太累，又想玩儿，不想睡

10～12个月后，宝宝会爬能站了，一些宝宝会走了，正处于想走起来、探索更广阔世界的欲望期。他们一刻不停地到处走，探索未知的世界。

较之以前，这个阶段的宝宝的身体感受到了从未有过的自由，他们眼里的世

界变大了，想做的事情也变多了，他们要钻到桌子底下看看，攀爬到柜子顶上，翻开高处的箱子看看里面有什么，还要舀点儿水浇浇花……大人做这些事情很轻松，对1岁左右的宝宝来讲就是个力气活儿了，很消耗体力，这样玩儿一天下来，身体很疲惫。宝宝虽然很累但是好奇心依然很强，他们要施展自己的本领，困了，不想睡觉，折腾来折腾去，洗完澡躺下来，还要爬起来玩儿。

当宝宝被妈妈抱着，和妈妈共处一室，和妈妈玩游戏，躺下来和妈妈一起睡觉，妈妈给他们读绘本等的时候，他们会觉得妈妈很爱自己，内心很安全。

宝宝的行为表现与性格塑造

信任感是一生发展的基础：0～1岁，信任vs怀疑

当襁褓中的宝宝饿了的时候，需要马上吃，如果妈妈稍微晚了一点儿，他们就会哭。宝宝孤独了，也会哭，嘴里“啊啊啊”，非得父母抱抱才算满意。为了准确地判断小宝宝哭的原因，大人用心观察，总结了不同哭声表达的不同需求，以便于及时满足宝宝。

妈妈这么做，非常有利于宝宝建立信任感。

著名心理学家埃里克森是新精神分析学派的代表人物，1950年出版了《儿童与社会》一书，提出了心理发展的八个阶段理论，其中既考虑到了生物因素的影响，又考虑到了社会和文化因素的影响。埃里克森把个体心理发展分成八个阶段，每个阶段都包含两个对立的、相互斗争的特定心理社会任务。

在0～1岁，埃里克森认为，这一阶段婴儿的成长任务是发展信任感，克服不信任感，体验着希望的实现。这个阶段的婴儿对成人的依赖性很大，如果关爱者能以慈爱和持续稳定的方式来满足婴儿的需要，婴儿就会形成基本的信任感；如果关爱者经常拒绝婴儿的需要或以变化无常的方式来满足他们的需要，婴儿就会形成不信任感。

埃里克森认为一旦某一阶段的特征危机得到积极的解决，在个体的人格中就会形成一种积极的品质。在这个阶段中，婴儿要解决的危机是信任—怀疑，这一阶段危机解决导致人格中希望品质的形成，也就是说，如果儿童具有的基本信任超过基本不信任，就会形成希望的品质。这样的儿童敢于冒险，能够忍受挫折和失败，不会过多地为个体需要是否得到满足而忧虑。

对于1岁前的小宝宝来讲，埃里克森认为他们最突出的特点是对成人完全的依赖，信任感发展的核心是依赖性，这种依赖性不只体现在口唇周围，而且体现

在婴儿对母亲照料的体验上。如果照顾者（主要是妈妈）能够在此阶段及时满足婴儿需要，对他们给予爱抚和有规律照料，宝宝就会感到这个世界是自己需要的模样，他人对自己宽容而友好，父母理解、愿意、能够满足自己的需要，他们就不会担心失去可以信赖和照顾自己的人，就会产生信赖感和安全感，从而发展出对一般人的信任。当宝宝感到生活在这个新的世界很安全的时候，就会觉得这个世界很美好，就会努力去探索周围的环境，并在探索中认识世界、发现自己、发展自己，从而成就一个更好的自己。

但是如果在这个阶段婴儿没有得到相应的关怀和照料，得到的照料没有规律或者照顾者的态度反复无常，婴儿与照顾者没有在养育情境中建立起信任关系，便会对人、物以及环境产生不信任感和不安全感，不但影响积极品质的形成，也不利于身心发育。另外，埃里克森认为前一个阶段任务的顺利完成会为下一个阶段打下基础。

高需求宝宝，怎么带

有的宝宝真的离不开妈妈，小的时候，睡觉要妈妈抱着；稍大一些，妈妈在他们的视线范围内他们才不会哭泣。没有哪个妈妈除了照顾宝宝以外就没有事情可做了，大多数妈妈都有一堆事情等着她们呢。比如，妈妈还要做家务，完成自己的工作，进行社会交往，照顾其他宝宝等，所以，当妈妈遇到那种特别难带的宝宝时会感到很苦恼。

生活中，妈妈要想办法解决这些问题。

陪宝宝做游戏的时候，宝宝自己坐着，妈妈面对面地和宝宝一起活动，彼此看着对方，情感在微笑中传递，妈妈就不用承受腿被压得发麻的痛苦了。多给宝宝准备一些玩具，或许能够吸引宝宝的注意力，玩起来，也就不哭闹了。

吃饭的时候，可以把宝宝放在宝宝餐椅中，让他自由自在地玩或者吃食物。做家务的时候，妈妈先把宝宝抱到能看到自己的地方，这样，就可以避免妈妈离开宝宝的视线，宝宝哭闹的现象。

当然，宝宝不开心的时候，父母绝不可以想着去处理自己的事情，而是要想办法处理好宝宝的情绪。一旦宝宝的需求被忽视，他们很容易发脾气。

很多时候，宝宝一发脾气，正处于忙乱中的妈妈就忍不住要焦躁，甚至发火，这么做既伤宝宝，又伤自己，搞得大家都不安。

妈妈要明白，因为妈妈能够给宝宝带来安全感，宝宝在妈妈面前才会如实展示自己的喜怒哀乐，尤其是负性的一面。宝宝也有自己的苦恼，比如，有什么想法实现不了，又表达不清楚，内心又特别地渴望，当内心失去平衡的时候，又找不到解决的办法，就用发泄情绪来表达了。这个时候，妈妈要了解宝宝的感受，说出他此时的心情，宝宝的归属感找到了，内心就安定了。接下来，妈妈给宝宝支个着儿，帮助宝宝顺利解决问题，宝宝的自我价值感实现了，内心就平衡了。

妈妈是宝宝情绪的引导者，要想让宝宝安静下来，妈妈先要认识到自己当下的情绪状态以及应该做什么样的改变。宝宝的情绪恢复能力特别强，他们发脾气持续的时间不会太久，大人稍微帮助一下，也就过去了。

如果宝宝因为搭不好积木而哭闹，那么，妈妈就坐下来，说出宝宝的感受："宝宝不开心了，因为这些积木老是倒塌。"宝宝因为被理解了，内心会舒服好多，接下来，妈妈抱抱宝宝或者和宝宝一起搭积木，都有助于宝宝的情绪稳定。

适度满足口唇需要，避免口唇期人格

精神分析学派认为儿童心理的发展具有阶段性，弗洛伊德称为心理性欲发展阶段。力比多是性本能表现的一种力量，在每个阶段，它都集中投向不同的"性感区"，据此，他把儿童的心理发展划分为五个阶段，分别是口唇期、肛门期、性器期、潜伏期、生殖期。每个性欲发展阶段都有三个一般特征。第一个特征是力比多能量集中的身体区域因为被引起快感而形成一个性感带；第二个特征是每个发展阶段都有某些对象或活动可以引起快感；第三个特征是每个阶段中如果需要得不到满足或过度满足都会引发力比多固着。

口唇期人格就是人格发展阶段的第一个力比多固着。当一个人长大以后，人格呈现出自律、被动、依赖、退缩、贪婪和嫉妒等特质，那么，这个人在小的时候可能是因为口唇需要没有获得适当的满足，导致力比多固着，形成了口唇期人格。这个人的性格可能存在不足，不良性格会导致社会适应不良。

出生到1岁这个年龄阶段的主要成长任务是满足生理的需要。弗洛伊德认为，处于口唇期的婴儿，其获得满足和兴奋的身体部位在口唇。婴儿通过吸吮、舔舐等动作对口唇部位的刺激获得满足和快乐。所以，这个阶段的婴儿在不饥饿的时候，也喜欢吮吸奶头、奶嘴或者手指头。孩子的这种需要获得了满足，人格发展正常。

在这个时期，如果婴儿的口唇活动未得到足够的满足，就会在以后的发展阶段尝试去补偿这些缺失的口唇满足，为了延续口唇快感，会在不同年龄阶段出现相应的异常行为，比如咬指甲、抽烟、贪吃、唠叨和嘲讽他人等行为，成年后通常自恋、贪心，比较容易形成攻击型人格。

如果在口唇期婴儿的口唇活动过度得到满足，吮吸、哺乳过多，婴儿期会固着在这个阶段，导致宝宝依赖、爱纠缠，还会影响人格的进一步发展，可能会形成依赖型人格。

在1岁以前，充分满足宝宝的生理和精神需要，让宝宝的口唇享受到适度的满足，避免缺乏或者过度，避免力比多固着，宝宝的人格就能获得正常发展。

有时，需要去适应宝宝的生活规律

在宝宝成长的过程中，会出现一些突然的变化。

比如，宝宝每天六七点睡觉，第二天4点起来喝奶，生活很有规律。某一天，他突然不睡觉了，一直玩儿，洗完澡也没有睡意，要熬到晚上十一二点，才肯上床睡觉。

或者，宝宝已经养成了睡一整宿觉的习惯。某一天，他半夜醒来后，就不肯睡觉了，要开灯玩儿一会儿才肯睡。而且，这种情况不断发生。

再如，每天宝宝都会洗个澡，然后舒舒服服地躺在床上睡觉。某一天，宝宝突然不洗澡了，放到澡盆里后就大哭大闹，要出来。

对于已经适应了宝宝惯常表现的妈妈来讲，当宝宝的某个行为方式或者生活习惯突然发生了变化，影响了妈妈的作息时，妈妈会很苦恼。于是，她们非常坚决地要求宝宝回归以往的表现，但是，宝宝坚决不从。

妈妈让宝宝洗澡，把宝宝脱光了，放到浴盆里，可宝宝就是不洗。眼见着大半夜里，宝宝不睡觉，妈妈累得不行，他就是玩儿，还必须妈妈陪着，妈妈心里苦，忍不住就给宝宝甩脸色，可是不管用，宝宝就是不睡，还要求妈妈带着他出去遛一圈儿。

教育孩子要站到孩子的角度去思考，才能真正走进孩子的心里。特别是遇到教育难题的时候，妈妈不要被情绪所左右，自顾自地埋怨孩子："你怎么这样啊？""你知道你妈多不容易吗？"越是这么想，自己内心越委屈，越觉得孩子不懂事，非理智行为就难免要发生了。结果，只会让形势越来越糟糕。

任何外显的行为表现都有内在的心理活动做支撑，宝宝突然不洗澡了、晚睡了、半夜醒来玩儿了，一定有其内在的原因，比如，不困、心里有恐惧情绪、饥饿、安全感降低、对夜晚充满了好奇等。只是这些原因大人无法从宝宝的述说中了解，只能通过观察去发现，然后去寻找合适的解决方法。

宝宝不断地成长，生理、心理上都在经历变化，会有新的需要产生。当大人的教养行为没有跟上宝宝变化的时候，宝宝的自主意愿就体现出来了，而且显得比较任性。

所以，当宝宝有不符合父母期待的情况发生时，放下自我，接纳宝宝的改变，顺应宝宝的意愿，不和宝宝抗争，这样的教养更具人性化。宝宝不想洗澡，就用潮湿的毛巾擦一擦，毕竟少洗一次不会影响卫生；宝宝不想睡觉，就和宝宝玩儿一会儿，尽量玩那些可以让他们快速疲倦的游戏，比如读绘本、在房间里走来走去等；宝宝半夜醒来，找点儿吃的或者陪他玩儿一会儿，如果宝宝吃完就睡了，可能是饿了，第二天要多给宝宝准备一些吃的，如果宝宝玩儿一会儿就睡了，第二天就带宝宝晚点儿睡，或者午觉少睡一会儿。

总之，在教养这件事情上，宝宝是主体，教养是服务于成长的，牢记这一点，才不会喧宾夺主。

看清母亲和孩子同睡的好处

很多父母见识了宝宝分床睡的艰难后，为了避免承受那样的痛苦，就采取了一个办法：宝宝一出生就分床睡。大床旁边放一张小床，爸爸妈妈睡在大床上，宝宝睡在小床上，宝宝完全在妈妈的视线之内，宝宝饿了、尿了都能及时发现，照顾起来也比较方便。那么，这样做对于宝宝的成长是最佳选择吗?

宝宝出生以后，妈妈需要和宝宝建立起母婴联结，这是宝宝来到这个世界上最重要的一份情感联结，是他们拥有对这个世界的信任、热爱的基础。在生理方面，妈妈能够给予宝宝及时、周到的照顾，宝宝在情感上就会和妈妈很亲近，他们就会觉得自己和妈妈是在一起的。

同时，宝宝还需要妈妈情感上的支持。宝宝出生的时候，他们的嗅觉中枢和神经末梢已经发育成熟，所以，他们能够嗅到妈妈身体的气味。他们需要妈妈在身边的感觉，这样的感觉能给他们带来安全感，让他们觉得自己和妈妈在一起。所以，宝宝和妈妈睡在一张床上有利于满足宝宝的精神需要。

宝宝是那么想跟妈妈睡在一张床上，这样的需要如果没有得到满足，就会在他的内心深处留下一个空位，日后以焦虑的形式出现，父母将要付出更多的时间和精力来补偿，结果还不见得有多么成功。

从妈妈的角度来讲，如果是母乳喂养，宝宝睡在身边，夜里喂奶要方便很多。妈妈不用起来去抱宝宝，只需调整姿势，斜躺着就可以喂奶了。宝宝是不是尿了，伸手一摸就能感受到，不用动地方就能给宝宝换上新的纸尿裤。职场妈妈既要工作又要带宝宝，白天没有时间补觉，需要在夜里有个高质量的睡眠。妈妈和宝宝睡在一张床上，可以避免因为喂奶、换纸尿裤而频繁起床，节省时间和体力，还能多睡一会儿。

所以，如果妈妈想要和宝宝睡在一张床上，那么就睡在一张床上吧。随着宝宝不断长大，亲子之间会有很多活动在床上来完成，比如，阅读绘本、聊天、玩个小游戏等。玩累了，有了困意，就睡了。

至于后来，宝宝分床的事情，那更不是什么大事。根据宝宝的情况，3岁、4岁、5岁分床都可以，都不存在影响因素。那些和妈妈建立起了安全型依恋关系的宝宝更容易独立，克服困难的能力更强。到了要分床的时候，一般是3～5岁，只要方法科学而灵活，就能很好地完成。

宝宝分床的关键在于，给宝宝一个心理上的适应过程，比如，给宝宝布置一个温馨的房间，遵循先分床后分房的原则，偶尔让宝宝在大床上睡一次，在大床上先睡，等宝宝睡着了再抱过去，妈妈陪着宝宝，等宝宝睡着了以后再出来等。分床不是什么到了几岁一定要完成的事情，要根据宝宝的个性来，有的宝宝胆小，锻炼到6岁才分床也没什么不妥。反倒是，因为硬性分床的原因把宝宝搞得哭哭啼啼、情绪不稳定就没必要了。

父母要牢记一点，和宝宝分床的目标是让宝宝在良好的感觉中养成独立睡觉的习惯，而不是让宝宝学会夜间独立睡觉，也不是宝宝越早独立睡觉，越利于成长。

主动排尿能力：如厕训练要科学

宝宝能够自主排便是每个人的期待，那意味着宝宝长大了，父母不用时时处处关注着宝宝尿裤子的事情，也不用每天带着纸尿裤了，那样多么舒服、自在、省事啊！

于是，训练宝宝排尿能力就成了一件非常重要的事情。训练宝宝的排尿能力不是指从宝宝小的时候起就给宝宝把尿，虽然有相当一部分父母还在延续着中国传统教养方式中的把尿行为，但是对于小宝宝来讲，把尿的确是存在不利影响的。

首先，不利于自主意识的发展。

在宝宝没有尿意的情况下，强行促使宝宝尿尿，是一件违背宝宝意志的事情。即使是很小的宝宝，他们也是朝着按照自我意识的需要来行动的目标发展的，而大人的任务则是帮助宝宝培养他们的自主能力，把尿这件事则不利于宝宝自主排便能力的形成和发展。

其次，不利于身体发育。

人类之所以能够自主排尿是因为尿液在膀胱里存满了后，刺激膀胱壁上分布的神经，向神经中枢传递排尿信号，之后由神经中枢发出排尿信号，引起膀胱括约肌的放松，而产生的正常排尿生理反应。宝宝并不是一出生就具备自主排尿能力，特别是最初的几个月，宝宝的排尿并不受到神经中枢的控制，完全是反射性的，这个时候把尿，不利于膀胱储尿能力和排尿反射的建立。

1岁以内的宝宝似乎对于大人的把尿很听话，即使储存的尿很少，他们也会尿。这是因为这个年龄段宝宝的肠道、肛门、膀胱肌肉群的控制能力都比较弱，因把尿动作的刺激，不论膀胱内有多少尿液，都会刺激宝宝排尿。经常把尿可能会使婴儿膀胱容量难以正常增大，长大后，可能形成神经性尿频。

所以，父母还是不要用自己的意识来控制宝宝的便意。给宝宝使用纸尿裤，让宝宝任意排便，等待身体机能的发育。对于用纸尿裤的宝宝来讲，1岁或者1岁半以后，可以用纸尿裤也可以不用，根据宝宝的排便情况来训练其排便能力，训练时间早一些晚一些都没有关系。最好选择从夏天开始，这样，宝宝尿了裤子，比较容易洗。对于使用纸尿裤的宝宝来讲，训练他们自主排便以后，可以先选择白天拿掉纸尿裤，适应一段时间后，过渡到白天、晚上都拿掉，这样，就不需要不断地洗被褥了。

即使大人教了宝宝如何坐到马桶上尿尿和冲马桶，也教了他们如何解裤子，但这并不意味着宝宝一教就会，毕竟宝宝的小肌肉发展还不够灵活，当便意传达到大脑时，身体的反应已经很强烈了，宝宝憋不住了，所以，在带宝宝进行如厕训练的过程中，还需要父母密切关注宝宝的便意，及时帮助宝宝进卫生间、脱裤子。

宝宝的社会性发展与道德品质

社会性能力：以感知觉偏爱为基础

发展心理学家蒂法尼·费尔德及其同事们研究发现，新生儿能够在一定程度上精确地模仿成人的表情。虽然关于真正的模仿是从多大开始的研究在心理学界一直存在争议，但是，新生儿的模仿能力能够为其未来与他人互动打下基础是大家的共识。

婴儿一出生，就开始感知这个世界，而且，他们会主动地选择自己需要的东西，对偏爱的形象、声音、气味等有着相对灵敏的感知能力，这项能力有利于不具备自我服务能力的婴儿与他人建立关系，从而维持生命的正常运转，让自己的生活有保障。

心理学家海思等研究后发现：婴儿对那些运动的、具有对比度的以及曲线式的刺激更感兴趣，在宝宝接触的形象里，妈妈的脸最具有这些特点。宝宝的这种视觉偏爱是为接受社会性刺激所做的感知和反应方面的准备。宝宝的感知兴趣在不同程度上与人的脸部轮廓以及各个部位的弧度有关，宝宝特别喜欢注视妈妈的脸，只要看到妈妈，就把目光聚焦在妈妈的脸部。

心理学家德卡斯普和他的同事们经过研究发现，当宝宝听到录音机里传出妈妈的声音时，新生儿吮吸奶嘴的频率比听到其他女性的声音时显著增加，这在一定程度上表明宝宝对自己妈妈声音的偏爱。

还有研究显示，吃母乳的婴儿，1～2周大时，已经能够通过乳房和腋下的气味认出自己的妈妈是最亲密的抚养者。而且，跟其他哺乳过他们的女性相比，他们更偏爱妈妈的气味。

宝宝与母亲的依恋关系从一出生就开始建立，决定了宝宝的成长与发展。婴儿在与母亲形成依恋的过程中逐渐形成了关于自我和他人的认知表征，即内部工作模式，并在此基础上形成对自我、人际关系、人际交往的稳定的态度和看法，为今后的个性和社会性发展奠定基础。所以，妈妈和宝宝在一起的时候，要善于捕捉机会，多与宝宝互动。

虽然宝宝较早表现出了对妈妈的偏爱，需要和妈妈建立起安全型依恋关系，开启社会性能力发展的交往之门，但父母依然要为宝宝提供与他人互动、交往的机会。

在有妈妈的环境里，无论是和家里的其他人在一起，还是出门和外边的小朋友在一起，对宝宝来讲都是很好的与他人接触的机会，是社会交往。在这个过程中，即使宝宝只是躺在婴儿车里远远地观望大家玩耍，也具有积极的作用。当宝宝的眼里有了他人、有了玩耍的世界，对关系就有了感觉。当宝宝感受到跟大家在一起的快乐的时候，就激发了宝宝与他人互动的愿望，他们就会寻找机会与大家玩儿起来。

依恋类型：陌生情境实验

有一个实验，叫作“陌生情境实验”，这个实验是心理学家安斯沃斯和她的同事们一起做的。安斯沃斯是美国心理学家，对心理学最重要的贡献是早期情感依恋方面的研究，被称为“依恋理论之母”。这个实验非常有名，也很有趣。实验过程一共分成8个阶段，具体情况是这样的：

1.母子同时进入一个陌生的房间，房内有很多玩具。

2.母亲坐在一旁，婴儿在旁边玩耍，如果孩子在2分钟内没有探索环境，母亲引导婴儿玩耍。

3.一个陌生人走进房间，第一分钟，陌生人沉默不语；第二分钟，陌生人与母亲交谈；第三分钟，陌生人设法与孩子玩耍，母亲离开。

4.第一个亲子分离阶段开始了，让孩子与陌生人在一起，陌生人和婴儿玩耍3分钟。

5.第一次重聚，母亲回到房间，陌生人出去，母亲问候或者安慰婴儿，并鼓励婴儿继续玩儿；3分钟后，母亲说“再见”，离开。

6.第二次分离，母亲离开，孩子单独在室内，时间持续3分钟以内。

7.继续第二次分离，陌生人进入房间，替代母亲的角色，并与孩子一起玩耍。

8.第二次重聚，母亲回到房间，和孩子打招呼，抱起孩子，鼓励孩子继续探索、游戏，陌生人悄悄离开。

设置1、2情境的目的：考察婴儿是否把看护者当作探索环境的安全基地，玩具能促使宝宝和母亲的代替者自然互动。

设置3、4、6、7情境的目的：当婴儿与母亲短暂分离后，与陌生人相处，会给宝宝带来压力。

设置5、8情境的目的：妈妈和婴儿重聚，考察婴儿经受压力后能否从母亲那里获得安慰和安全感，并重新探索环境。

实验人员通过记录和分析婴儿在所设置的情境中的反应，包括探索活动、对陌生人的反应、对分离的反应、与母亲再次相聚时的行为，来确定婴儿与母亲之间的依恋质量。

实验人员发现，婴儿的依恋有不同的类型，大致可分为四种：

第一种　安全型依恋

这种类型的婴儿进入房间后，独自或者和母亲一起探索玩具，母亲离开时，表现出明显的焦虑情绪，母亲回来后，非常开心，和母亲有热烈的身体接触。母亲在场时，以母亲为安全基地，敢与陌生人玩耍。大概70%的婴儿属于这种类型。

第二种　回避型依恋

这种类型的婴儿进入房间后，对探索玩具不感兴趣，不在意母亲的存在，母亲离开时也没有表现出特别的紧张和焦虑，母亲回来时也不和母亲亲近，回避与母亲接触，对陌生人也不在意。大概20%的婴儿属于这种依恋，这类孩子并未形成与母亲的依恋关系。

第三种　反抗型依恋

进入房间后，母亲在身边，他们也焦虑，紧张地关注母亲的行为，不喜欢探索玩具，不能尽兴地玩耍。母亲离开后，更加不安。母亲回来后，他们的表现很矛盾，一方面想亲近母亲，另一方面又拒绝母亲，母亲主动亲近也反抗。这类婴儿大概有10%。

在这里需要说明的是，由于依恋的产生受特定的年龄限制，适合1岁左右的婴儿，对于2岁以上的宝宝就不完全适用了。

安斯沃斯的实验帮助人们认识了三种不同类型的依恋关系，使得妈妈在养育孩子的时候更多了一份参照，及早发现亲子问题，更好补救。在这个研究的基础上，后来的研究者又发现了第四种依恋类型。

第四种　无组织型依恋

这种类型的儿童缺乏对待陌生情境的一致策略，行为的组织性很差，有时会表现出对父母而不是对陌生人的谨慎，还会出现寻求亲近与回避的矛盾行为。不过，这种类型的儿童很少。

什么样的教养能形成安全型依恋关系

3岁前，妈妈和宝宝建立起安全型依恋关系，对宝宝的身体、智力、情绪、社会性发展、人格构建等都是非常必要和利好的事情。当与宝宝建立安全型依恋关系已经成为妈妈们的共识的时候，搞清哪些因素会影响宝宝的安全型依恋关系的建立，会让做个好妈妈的目标变得明确，操作起来更容易。

研究者发现有四种主要的因素会影响亲子之间建立安全型依恋关系，分别是：建立亲密关系的机会、照料的质量、婴儿的特点、家庭环境。在这四方面，妈妈做好了，就比较容易和宝宝建立起安全型依恋关系。

1.建立亲密关系的机会

宝宝要和照顾者建立起依恋关系，需要照顾者给予一贯的照顾，而不是今天这个人看宝宝、明天那个人看宝宝，更不是高兴了就对宝宝好一些、不高兴了就训斥宝宝。这里的照顾者一般指的是妈妈，以及其他的固定的照顾人。

宝宝出生以后，主要抚养人是妈妈最利于宝宝的成长，如果妈妈能够一直抚养宝宝到两三岁，非常有利于宝宝发展依恋关系。当宝宝和妈妈的安全型依恋关系建立起来后，宝宝再由其他的固定的照顾者来照料，不但不会削弱亲子依恋，还有助于宝宝和他人建立起依恋关系。

2.照料的质量

按照心理学家戴安娜·鲍姆林德的观点，父母对宝宝的照顾主要反映在两个因素上，一个是要求性，一个是反应性。关于反应性这个因素，讲的就是面对宝宝的需要，妈妈要做出及时、适当、一致的反应，妈妈要善于体察宝宝需要的内容，能够快速辨别出宝宝是饿了，还是尿了或者寂寞了，然后给予恰当的满足。宝宝寂寞了，妈妈就要抱起宝宝，跟宝宝说说话，给宝宝唱唱歌，跟宝宝做做游戏，抚触一下宝宝细嫩的皮肤，这样，宝宝感受到妈妈的爱，就能维持良好的情感联结。

3.婴儿的特点

依恋是一种双边关系，妈妈对宝宝的照顾要和宝宝的需要相契合，才能走进彼此的心里。为了避免出现因为妈妈不懂宝宝的心而给予了不恰当的教养方式，妈妈要善于了解宝宝的特点。对于一个饭量很小的宝宝来讲，当他哭泣的时候，妈妈强烈地劝阻宝宝吃饭的行为只会让他更难以适从。

研究证明，与宝宝自身的不足相比，父母教养方式的不恰当对宝宝依恋关系的形成影响更大。有研究显示，母亲的问题，比如心理疾病、未成年父母以及儿童虐待等与高依恋不安全相关。相反，婴儿的问题，比如早产、发育延迟、严重的身体和心理障碍，对依恋影响很小。父母要提高教养方式与宝宝特点的拟合度，需要父母在了解宝宝的特点上下功夫，还要积极寻找契合宝宝特点的教养方式。

4.家庭环境

父母工作稳定，家庭收入有保障，夫妻恩爱，父母怀着美好的期待迎接宝宝的诞生。宝宝出生以后，父母情绪稳定，有充足的精力照顾宝宝，宝宝在充满爱的家庭中长大，更利于建立安全型依恋关系。

宝宝的安全型依恋关系大都是和妈妈建立起来的，在3岁前或者更早的时间，母婴联结决定了宝宝安全感的强弱，但是，如果因为太过于重视宝宝和妈妈依恋关系的建立，而忽略了父亲在宝宝教养中的地位，也不利于宝宝的成长。

父亲教养的缺位对宝宝的伤害很大，在抚养宝宝的过程中，父亲持续的感情投入可以预测宝宝后来的认知、情绪、社会技能，父亲的温暖保护可以使孩子免于情绪和行为问题，以及青春期药物滥用和犯罪。

所以，在家庭教育这件事情上，既要重视母亲在教养当中的关键作用，也不能因此忽略父亲的影响力。

安全型依恋关系的人生优势

宝宝对妈妈的依恋关系，是在和妈妈亲密接触的基础上建立起来的。从父母方面来讲，要具有相当的敏感性，才能及时发现并满足宝宝生理上、情感上的需要。1岁以前，养育者如果能及时满足宝宝的需要，宝宝就能建立起高品质的依恋关系——安全型依恋关系。

如果用一架无比神奇的透视镜拍摄宝宝的心理需要，有一个词最能概括宝宝最期待的感受，这个词就是“安全感”。宝宝的安全感来自亲子之间建立起来的安全型依恋关系，这种依恋关系最有利于宝宝成长。

为什么安全型依恋关系最利于宝宝成长呢？任何一个孩子的成长都是社会化的过程，家庭是宝宝社会化的第一场所，孩子和父母的关系决定着他们未来的人际发展。宝宝在和妈妈交往、互动的过程中认识妈妈，认识自己，认识他人，并使得各种认识趋于成熟和稳定，从而指导自己的行为。为了形成适应社会的人格，如果宝宝不能很好地与人相处，那么，就没有很好地实现社会化，往往会导致人格出现问题。亲子关系是一切关系的基础，亲子之间沟通、互动的模式将是宝宝未来人际交往的基础。

在这样的一种关系建立的过程中，宝宝是安全感的积极寻求者。当宝宝需要照顾、保护时，或者受到威胁、出现紧急状况时，依恋系统会被激活，宝宝会表现出哭泣、叫喊、依附、反抗等依恋行为。由于小宝宝不具备自我服务的能力，在需要被满足的过程中心有余而力不足，是个被动者，只能向外界求助。面对宝宝发出的信号，如果妈妈没有及时给予满足，宝宝就会觉得自己不被关注或接受，无助感带来焦虑情绪。如果宝宝长期处于这样的状态中，不断体验到失望和抑郁，会产生许多行为问题和心理障碍。

法国心理学家瓦隆指出："儿童对人们的依恋心是发展儿童个性极端必需的。如果儿童没有这种依恋心，就可能成为恐惧和惊慌的牺牲品，或者将产生精神萎缩现象，这种现象的痕迹可以保留一生，并影响到儿童的爱好和意志。"

心理学家鲍尔比做过一项研究，得出结论：儿童"在5岁前与母亲或母亲替代者长期或永久地分离"是产生不良行为的最主要因素。由此看来，与依恋对象的长时间分离与青少年的犯罪行为和心理障碍之间存在着必然的联系。

如果宝宝小的时候与妈妈（或者其他的主要抚养人）长期分离，或者各种需要没有及时获得满足，宝宝就可能会形成回避型和反抗型的不安全依恋关系。

回避型依恋关系的孩子几乎没有和人建立交往关系，缺乏与人交往的经验。长大后，他们自我评价很积极，对他人评价很消极，他们否认亲密感，过度强调自我依靠，长大后不懂得怎么跟人相处，倾向于保持独立，很少卷入与他人的关系中。

反抗型依恋关系的孩子自我评价很消极，但是对他人的评价很积极，虽然渴望与人交往，建立亲密关系，但是，因为对人缺乏信任，总担心被拒绝和抛弃，长大后很难和人建立亲密的关系。

婴儿依恋发展四阶段

妈妈都希望和宝宝建立起安全型依恋关系，因为宝宝和妈妈的情感纽带是以后所有关系的基础。童年时期亲子关系将成为未来亲密关系的原型或者指南，影响力穿越儿童期和青春期，直到成年。如何与宝宝建立起安全型依恋关系，这是每位妈妈都要考虑的问题。

英国心理学家鲍尔比在依恋理论上进行了开拓性研究。鲍尔比认为，婴儿经历4个阶段后，经验使得他们建立了与照顾者之间的持久的情感联系。

第一阶段，前依恋阶段。从出生到6周，婴儿运用抓握、微笑、哭泣和凝视成人眼睛等无条件反射与人建立联系，成人及时给予回应后，婴儿感到舒适。此时，他们还没有形成对主要照顾者（主要是妈妈）的依恋，不介意和不熟悉的人在一起。

第二阶段，形成中的依恋阶段。从6周到8个月，宝宝对于妈妈和陌生人的反应不同，他们知道自己的行动可以影响到周围的人，在这个阶段开始发展信任感，但是，即使宝宝能够识别出妈妈，在分开的时候，宝宝一般不会抗议。

第三阶段，清晰的依恋阶段。从6～8个月到18～24个月，宝宝对妈妈有了明显的依恋，有了分离焦虑的表现，当妈妈离开时会很难过。为了让照顾者在场，他们会跟随甚至爬到照顾者身上。

第四阶段，交互关系的形成阶段。从18～24个月到2岁以后，宝宝的表征和语言能力不断提升，能够理解妈妈的行动，而且他们会跟妈妈协商，请求妈妈满足他们的某个要求。

由此看来，宝宝跟妈妈依恋关系的建立需要一个过程，了解了这是一个怎样的过程，有助于妈妈通过宝宝的行为表现进行自我检查，发现问题后及时改进。

举个例子，如果宝宝到了10月龄仍然没有分离焦虑，当妈妈离开的时候，一点儿都不会引起宝宝的注意，那么，宝宝可能没有和妈妈建立起一种安全型依恋关系，可能正在形成回避型依恋关系。这种情况往往说明以往对宝宝的养育并不是足够科学，妈妈需要自我反省在教养过程中是否给予了宝宝足够的爱、是否及时满足了宝宝的需要，需要客观地面对当下的状态。当妈妈发现自己哪里做得不够好的时候，及时改变过来。妈妈改变，孩子改变，这样就不至于使孩子在关键的成长期奠定不够积极的人格发展基石，形成不良的社会发展态度。

前道德阶段：如何打下品德教养的基础

要3岁前的宝宝具备准确判断是非的能力，有一些困难。因为孩子的道德判断力是从3岁以后才发展起来的，而且，这个发展过程比较缓慢，是一个长久建构的过程。所以，面对“是非不分”的宝宝，父母要有耐心，慢慢地引导。

1.用负性情绪施压

研究显示，婴幼儿避免体验负性情绪的想法有时会导致他们以更加道德、有益的方式做事。当宝宝做了不符合“道德标准”的事情时，当然了，这里的道德、有益，他们是以父母的言语、行动、情绪等为参照的，有时讲道理效果不好，那么父母可以表现出无奈、自责、伤心的情绪，这种方式既给宝宝施加了压力，也避免了打骂对宝宝造成的伤害。

举个例子。宝宝自己玩儿的时候，出于好奇，把爸爸的茶叶倒掉了，然后就自己踩着玩儿。即使父母知道这是宝宝因为年幼无知犯下的错误，也不要被他呆萌的动作逗笑，而是要表现出很惋惜的样子。“你把爸爸的茶叶倒掉了，爸爸以后喝什么呢？”看到爸爸“伤心”，宝宝感同身受，就长记性了。

2.表达出积极的一面

当身边有小朋友做得好的时候，父母可以对宝宝说：“宝宝像小哥哥那样做，就是对的。”“看看，小朋友努力地去画画，多开心啊！”“那个小哥哥摔跤了，很疼。因为他跑得太快了。宝宝慢慢走，才不会摔跤。”

3.给宝宝讲清楚为什么

两三岁的时候，宝宝已经有了自己的主意，当父母的意见与他们的相悖时，他们会反驳父母，这个时候如果父母强行压制宝宝的想法，让宝宝听话，宝宝知其然不知其所以然，实现不了真正的成长。

宝宝还不具备逻辑思维能力，不能透过现象看本质，常常根据事情的表面现象和发展的结果去评判。这个时候最好的方法是，大人用宝宝能听懂的方法，给宝宝摆事实、讲道理，即使宝宝当时不理解为什么要这样做，也记住了应该怎么做，这样，逐步地就内化成了他们行为的规则，能够引导他们今后的行为。

4.身教很重要

起初，宝宝判断是非的标准是以大人的态度、情绪、情感作为参照。所以，父母的道德判断能力对宝宝的影响很大。父母要时时处处注意自己的言行举止，保持三观正向，多做正确的事情，远离非道德的行为，宝宝自然而然地就学会了正确的做法。

宝宝的游戏与亲子阅读

宝宝的成长，不可缺少玩具

在宝宝心目中，玩具就是他们的“小伙伴”，是他们生活中的一部分，是不可缺少的存在。生活中，他们往往把最爱的那个玩具攥在手里，出门要带在身上，宝宝爱玩具，玩玩具是他们重要的生活内容。

1.玩玩具就是成长

在玩玩具的过程中，几乎成长需要的全部内容都被包括进去了，比如，宝宝玩玩具可以排解孤独、宣泄情绪、增长智力、丰富生活、提高认识、获得交流、练习动作、发挥想象力、探索知识……

对宝宝来讲，玩具对宝宝心智的发展具有潜移默化的推动作用，宝宝被玩具吸引动手玩起来，按照自己的愿望去感受、理解、操作玩具，这是一个主动自觉的探索过程，不是强制性的。玩具本身的颜色、形状、声音、玩法等使其自带启发性，能够快速唤起宝宝的感知觉能力，推动宝宝去玩耍，这个过程能给宝宝带来愉快的感觉。

宝宝在专注地玩玩具的过程中，大脑进行思考，身体各部分参与运动，能促进各种感知觉以及大脑细胞的发育。有很多经典实验证明了，有玩具玩的宝宝大脑发育得更好。

当宝宝对着玩具说话、搂着玩具睡觉、把玩具当成小伙伴的时候，玩具已经成为宝宝人格化的同伴的替代品，成为宝宝寻求精神满足的对象。

2.毛绒玩具最能和宝宝一起玩

对于3岁前的宝宝来讲，毛绒玩具是最重要、最不可缺少的一类玩具。现在的毛绒玩具形象逼真可爱、触感柔软、不怕挤压、抱拿方便，符合宝宝对“玩伴”的心理需求。

在玩毛绒玩具的过程中，宝宝很快乐，快乐的情绪有利于宝宝的身心成长；宝宝不开心的时候，对着玩具表达、演练，甚至教导玩具，是一个很好的宣泄途径，有利于心理健康。

在大人心目中，宝宝是在玩玩具；在宝宝心目中，那是他和玩具一起玩儿。因为在宝宝看来，那些毛绒玩具都是有生命的，是和人一样懂事的。所以，当宝宝孤独的时候，会抱着自己最爱的毛绒玩具，有时，嘴里还念念有词地“对话”，宝宝一句，玩具一句，很开心的样子。这个过程不但锻炼了宝宝的表达能力，也抒发了宝宝内心的情感，促进了宝宝社会性的发展。

成长是一个社会化的过程，社会化需要同伴，当宝宝身边没有小朋友的时候，这些玩具就是他们的同伴，是他们可以倾诉的亲密朋友。

但是，玩具毕竟是物，宝宝要成长，还需要和真正的人一起玩“人的游戏”。所以，妈妈除了送给宝宝足够的玩具外，还要给宝宝创造和小朋友一起玩儿的机会，让宝宝与人做游戏。

1岁前，以亲子游戏为主

宝宝出生后，除了吃、睡等生理需要外，他们还会有精神需要，游戏是满足宝宝精神需要的重要方式。对于身体机能处于逐渐唤醒状态的宝宝来讲，在玩游戏的时候，有一个由被动到主动的过程。宝宝的出生决定了妈妈是他第一个也是最重要的游戏伙伴，其次，是爸爸以及其他的照顾者。在亲子游戏当中，刚开始，宝宝处于被动状态，游戏是由大人发起的。

当婴儿会用社会性的微笑回应成人时，最早的社会性游戏就发生了。

“嗨，宝宝，看妈妈！”妈妈面带微笑地对宝宝说，还勾勾宝宝的手指，于是，宝宝咧开小嘴冲妈妈笑了。类似普通的亲子互动就是亲子游戏，这样的游戏每个妈妈都会，也很容易做到，与让宝宝自己躺着玩儿，妈妈玩手机相比，亲子游戏对宝宝的成长更有好处。

在亲子游戏中，亲子之间的互动有利于分享情感，满足宝宝的精神需要，建立起亲子情感纽带，开启宝宝健康成长的关键一步。

宝宝出生后不会主动玩游戏，但这并不等于他们的成长不需要游戏，所以，大人越早向孩子发出游戏邀请，以恰当的方式逗孩子玩儿，孩子越能更快学会游戏的基本技能，比如等待、轮流、共同参与、假装、重复等，在此基础上，学会自己玩儿、招呼大人玩儿、和小伙伴玩儿等。

对于小宝宝来讲，父母主动和他们玩的方法很多，比如，模仿婴儿的样子跟宝宝“喔喔喔”，冲着宝宝做个夸张的表情，模仿动物的声音说话，轻轻地摸摸宝宝的小脸，把宝宝举高一些，为宝宝唱歌，妈妈摇晃摇铃吸引宝宝，教宝宝玩一种玩具等，亲子游戏的内容越丰富，越有利于宝宝的身心发展。

亲子游戏也是亲子沟通的重要方式，随着亲子之间亲密的身体接触和动作互动，能够加深彼此的了解，增进亲子感情。

亲子游戏的玩法很多，因为场所大多在家里，只有妈妈和宝宝，妈妈对自家宝宝的成长很了解，所以，玩耍的时候要把宝宝的敏感期考虑进去，多玩一些跟敏感期相关的游戏，对宝宝的成长具有更强的促进作用。

宝宝大约从10个月开始，就进入了空间敏感期。这个阶段的宝宝喜欢把一个东西移动来移动去，往高处爬，从高处往下扔东西，把容器里面的东西取出来，把容器外面的东西塞进去。宝宝在这些爬上爬下、钻来钻去的动作中感受空间距离，建构空间概念、空间智能。宝宝活动的空间越广阔，将来掌握空间概念、发展几何能力的能力越强。

那么，父母就多给宝宝创造一些爬、钻、跑、登高等机会，和宝宝一起拉小车玩儿，往小车里装东西，去沙滩垒城堡，玩滑梯，钻山洞等，都利于宝宝建立空间感觉。

小宝宝，玩儿起来吧

宝宝躺在床上，吮吸大拇指，妈妈在不远处坐着看书，爸爸过来，喊了一声：“小成诚。”宝宝停下来，咧着嘴笑了，而且笑出了声。爸爸再喊：“小成诚。”他又笑了。妈妈凑过来，俯身，望着儿子的脸喊：“成诚宝宝，吃手呢！好甜啊！”他又笑了。

1.“吃着手”一起玩儿

游戏是宝宝的生命，没有游戏就没有成长。好游戏带来的是好成长。那么，什么样的游戏是好游戏呢？父母只有搞清楚了这一点，孩子才能受益。对于1岁前的宝宝来讲，他们能否好好地玩游戏，取决于父母对游戏的认识和了解，因为1岁前宝宝还没有建立起自我意识，他们的行动和父母的关联性很强。

1岁前，宝宝的游戏形式主要是动作游戏和亲子游戏，在亲子游戏中宝宝是被动接收者，父母要多多给予支持，比如，在宝宝吃手这件事情上，妈妈要具备一些科学常识，才不至于错误引导了孩子。

对1岁前的宝宝来讲，吃手是很重要的动作游戏，受生命内驱力的驱动，宝宝在拥有先天的反射性行为的基础上，提升了动作能力，能够把手放到嘴里吮吸。

宝宝吃手既是一个唤醒手的过程，更是一个口唇期性心理满足的过程，还是一个自在玩耍的形式。对于新生儿乃至1岁前的宝宝，父母只需把宝宝的小手洗干净，然后任由他们吃手就好了。一个需要被及时满足的宝宝心理发展正常，不会把手指吮吸坏，父母无须因此而担心。如果强行把宝宝的小手从嘴里拽出来，就太简单粗暴了。

还有一种情况，风和日丽的天气，大人把几个月的宝宝带到外边去享受日光和风景，玩儿了一会儿，如果宝宝有吃手的情况，往往表明他们可能是累了或者厌烦了。如果宝宝一出去就吃手，观察一下周围环境，是否存在让宝宝恐惧的东西，妈妈也要自我反思是不是和宝宝建立起了安全型依恋关系。

爸爸和妈妈微笑着喊宝宝的名字，不仅是简单的沟通，还是简单的亲子游戏。对于小宝宝来讲，亲子游戏的特点是父母主动、宝宝被动，比如，父母喊宝宝的名字、给宝宝个笑脸、藏起来又出来等，这些游戏虽然简单，宝宝却非常喜欢，能够促进宝宝的社会性发展和智力发育，帮助宝宝学会自己玩儿。

2.引导宝宝“动”起来

爸爸抱着宝宝玩儿了一会儿，宝宝伸胳膊够妈妈的方向，嘴里冲着妈妈“啊啊啊”。爸爸走过来，妈妈靠近一些，宝宝用手拍打妈妈的脸。妈妈故意躲到爸爸后面，宝宝露出惊讶的表情，妈妈出来，向宝宝眨眼，宝宝再次看到妈妈，伸手够。妈妈拖着长音说：“哦，宝宝想妈妈了。”宝宝的表情再次发生变化，要撇嘴，妈妈赶紧把宝宝抱过来，宝宝紧紧搂着妈妈的脖子，与妈妈脸靠脸。妈妈横抱着宝宝往高处晃荡，嘴里喊着：“呜呜……飞起来了！”宝宝大笑。

几个月的宝宝行动力较强，父母和宝宝玩游戏的时候，宝宝就有了较强烈的回应意识，动作幅度较大，而且能够表达自己的意愿。父母在和宝宝游戏的过程中，感受到了宝宝对亲子游戏的强烈渴望，非常愿意和宝宝玩儿，玩儿的过程中内心非常满足，于是，对宝宝的教养就更加积极主动，更利于实现教与长的适配性。

父母抱着宝宝晃动、举高等，这些活动宝宝非常喜欢，这样既满足了宝宝的身体“动”起来的需要，也巩固了亲子之间的情感联结。随着宝宝不断长大，他们对父母的需要除了生理上的及时满足外，还有精神需要，游戏就是精神需要的一种。这样的需要越是被满足，亲子之间的情感纽带越牢固，宝宝就越能感受到父母的爱，他们的安全感就越强。

3.“牙牙学语”游戏

在宝宝开口说话以前，有一段时间，他们通过声音、面部表情、手势、模仿和其他非语言的方式进行交流，这个阶段属于前语言交流。前语言交流最突出的表现就是牙牙学语。宝宝从两三个月开始，会发出类似言语但又没有意义的声音，而且会持续好几个月。虽然这些语言没有语意，但是却能传达宝宝的意愿和需求，妈妈以正常的语言回应，声音轻轻的、柔柔的，面带微笑地看着宝宝的眼睛，或者抚摩着宝宝的小手，这样对于宝宝活动的“引导式参与”非常利于宝宝的语言学习。另外，亲子之间交互的敏感性不仅利于宝宝的语言发展，还利于宝宝的社会化发展。

玩书：有书的环境

什么样的环境养育什么样的孩子。如果大人期待孩子将来爱读书、学识渊博，那么，就要从小给他创造一个有书的环境，让他早早地爱上阅读。父母喜欢读书，他们读书的样子会吸引孩子，使得孩子也要拿起书来“读”。父母喜欢读书，父母钻研学问的场景被孩子大脑里的镜像神经元储存起来进行编码，头脑里有了这种特定的行为模式，于是，孩子就会模仿父母的样子读书，有时就连做游戏都与读书有关。

所谓有书的环境，不是父母置办几个书架，多买些书陈列在里面，孩子就会拿起书来读了。虽然这样的有书的环境能提高孩子拿起书来读的机会，但是，如果父母没有给孩子树立爱读书的榜样，孩子也很难自觉养成爱读书的习惯。有利于培养孩子良好的读书习惯的读书环境最起码应具备以下几个条件。

1.父母把读书当成一种信仰

读书是一种信仰。爱读书的父母会把读书当成生活中一件重要的事情，他们不会流连于刷朋友圈，更不会疯狂地抱着手机追剧，闲暇时光，他们喜欢捧着一本书来读。他们爱学习，不断地获取新知识。

有这样的父母在身边，看到他们热爱读书的样子，孩子一定会好奇书怎么那么有吸引力？他们会伸手拿来一本自己喜欢的书，坐下来一页一页地翻开书看。如果父母给孩子机会，让他们翻看，并为他们读书里的故事，一日一日累积下来，带给孩子的美好感觉会激励他们养成爱读书的好习惯。

2.家里要有孩子的书

对于小宝宝来讲，书还不具备读的功能，他们还不知道看书能够获取知识，但是因为父母的喜爱使得他们明白书是值得喜欢的、有趣的、宝贵的东西。于是，他们就会对书充满好奇，会和父母抢书，会拿起书来啃，会一页一页地翻书看，就这样，总会有一天，孩子看懂了书上的一幅画、对书上的某个符号产生了兴趣，从此，孩子就开始读书了。

要想孩子对书尽快地产生兴趣，就要买一些符合孩子思维特点的书，对于一两岁的宝宝来讲，他们正处于感觉运动阶段，以行为和动作来表征自己的心理活动，他们咬书、啃书、翻书，甚至撕书，就代表了他们渴望了解书，父母要给他们准备适合他们的书，满足他们的阅读需要。

第2章

1～2岁儿童心理发展与科学教养

1岁以后，宝宝进入了感知运动发展的高峰期，这标志着真正的智力行为出现了。但是，这个时期孩子的思维方式和大人不一样，大人是想好了再做，而孩子是在做中想，于是，在大人看来就特别“闹腾”“淘气”，因为他们好奇心强，自控力差，显得比较好动，虽然容易闯祸却真的很无辜。所以，这个阶段，大人的看护责任特别大。

宝宝的身体与动作发展

大肌肉运动能力：大动作发展与感觉统合

1～2岁，宝宝的大肌肉发展目标是：宝宝能够自如地迈过10厘米～15厘米高的障碍物；如果给宝宝设置三道拱形门，他们能顺利跑过，并且回到起点；大人要求宝宝做动作或者跟宝宝说，让他单脚站立，宝宝能够单脚站立5秒钟以上。较之1岁前的动作发展，这个阶段对宝宝身体的统合能力有了要求，动作也更富有连贯性。

在这个阶段，父母重点训练的是宝宝的运动协调能力、运动平衡能力、钻过或者翻过障碍物的能力。当然，即使父母不训练，宝宝也是不停地到处爬、到处走、到处钻，这是生命发展内驱力的推动，是成长的需要，不可抑制。当宝宝弄脏了衣服、弄乱了家里的物品时，父母不要训斥宝宝，与身体的发育、发展相比，这些都是不需要计较的内容。

父母需要为宝宝提供更多的适合他们发展需要的环境。比如，带宝宝去海边的沙滩，在那里，他们可以到处爬、到处走，如果赶上阴天，可以玩的游戏也很多。让孩子拉着父母的手在沙滩上行走，也能很好地锻炼身体的平衡能力。

现在玩滑板车的宝宝很多，一两岁的宝宝玩的是三个轮子的滑板车，这项活动非常有利于锻炼孩子的平衡感和身体协调能力。宝宝两手握着车把，需要把力气恰到好处地落在踩在滑板上的那一条腿上，另一条悬空的腿要配合着用力蹬地，至于滑行的速度，全靠身体的掌控。

在儿童游乐中心，有很多供宝宝爬、钻、跳跃、摇晃的设施，钻火车、滚筒、秋千、蹦蹦床等，这些设施设计得很巧妙、安全，宝宝喜欢玩儿，玩儿起来很开心，父母可以多带宝宝去。

小肌肉运动能力：精细动作的发展与自理能力

1～2岁，宝宝的小肌肉发展水平是：宝宝能够自己洗脸、擦嘴、捡起小物品；能够自己寻找、拿回物品；出现了明显的单利手表现。如果宝宝是这样的，那么，表明宝宝的精细动作发展正常，父母应该有意识地训练他们的自理能力了。

3岁前，宝宝自理能力的发展处于一个突飞猛进的状态，大约21个月大的时候，他们能够稳稳地拿住茶杯；24个月大的时候，他们能穿上衣服和外套、拿稳勺子；32个月大的时候，他们能在大人的帮助下穿衣服；36个月大的时候，他们能穿鞋、解开够得到的扣子、扣上纽扣、独立进餐、洗手、洗脸、穿衣服、系鞋带、刷牙等。

在这里，不要误解，觉得宝宝能拿杯子了，就能自己喝水了。其实，即使宝宝具备了拿着杯子喝水的能力，也不代表他们就能拿得稳，就不会摔坏杯子、不洒水。从会做到做好，还需要一个过程。所以，当宝宝想要自己做事的时候，比如，自己端杯子喝水、自己穿袜子、自己吃饭等，父母要给予宝宝自我锻炼的机会，让他们趁着兴致多做一些，他们自然而然就学会了。有的孩子之所以自理能力差，就是因为当他们想做事情的时候，父母因为担心弄坏物品、做不好而不给他们机会做，孩子的自理水平没有获得发展，在这方面缺少自信，以后就不愿意做了。

宝宝的自理能力是需要动作技能的控制协调能力发展到一定水平后才拥有的，坐、爬、走、抓握等动作的成熟是前提，而控制和协调能力需要在做的过程中锻炼，才能逐渐变得熟练。这个锻炼的过程，是动作技能、智力的发展过程，也是社会性获得发展的过程。

行走：迈步好似丑小鸭

行走是成熟个体高度自动化的动作技能之一，婴儿直立行走姿势的获得为行走的发展提供了可能。一般而言，婴儿在1岁过后就能发展起独立行走的动作。

婴儿在行走的时候，他们的动作与成人相比有很大区别，具体表现为：频率快而步子小、脚趾向外张开、全脚掌着地、手臂抬到较高的位置摆动、行走起来两腿的分开程度较大。

有的妈妈看到宝宝走路的姿势像小鸭子一样一摇一摆，会担心："这孩子怎么这么走路啊？太难看了。"为了让孩子走路的姿势规范一些，妈妈不停地纠正孩子，告诉孩子怎么走，给孩子做示范动作，但是，效果一点儿都不好。

其实，妈妈关于宝宝走路姿势不好看的担忧有点儿多余，婴儿虽然具备了独立行走的能力，但是从生理发展的成熟度来看，行走动作与神经系统的成熟、躯体平衡能力的发展、肢体控制能力的发展、肢体肌肉的强壮程度、视动协调能力的发展等都处于变化的过程中，与成人相比还存在很大的差距，表现在走路姿势上不够自如。

7岁以后，孩子的动作协调能力大大提升后，走路的姿势才能成熟起来，具体表现为：节奏流畅，步长能够保持一致，手臂随着两脚的迈步自然地向相反方向摆动，很有成人走路范儿了。

在这之前，宝宝要经历几个走路比较"难看"，甚至不自如的阶段。

第一阶段，时间大概在12～14个月龄的时候。宝宝走路的姿势比较僵硬，高抬腿重落地，走起来比较摇晃，像是在费力地掌握平衡，以防摔倒。

第二阶段，时间在2岁左右，宝宝对动作的控制能力还不是很强，处于学习位移的阶段。走路的时候，虽然不再像刚学走路时那么紧张，但是，左右摇摆的情况依然存在，步长的一致性大大提升。

第三阶段，时间在4～5岁，步伐已经比较熟练，走起路来像个小大人儿，但是，脚步还会有轻微的颠簸。与孩子的行走水平相一致的是，这个年龄段的孩子小脑和脑干迅速发育，到5岁接近成熟。

3岁以前，宝宝走路的姿势比较难看，甚至像小鸭子，一般都属于正常情况。走路的能力是在走的过程中锻炼出来的，宝宝会走以后，需要多走路，以锻炼下肢肌肉和骨骼的力量、关节活动的灵活性和韧带的柔韧性，以及对身体重心的掌控和平衡能力。

尽早发现宝宝的动作障碍

很多父母对宝宝动作发展水平的界定靠的是与身边同龄孩子的比较，自己宝宝的水平低了，就担心孩子有问题，因为婴幼儿动作障碍发生的概率实在太高了，非常需要父母的密切关注。但是，预判的方法一定要科学，否则，容易无端地胡思乱想。

关于动作障碍的界定，是一个不断发展和变化的过程，为了便于临床治疗和研究，1992年，世界卫生组织将动作障碍命名为“运动功能的特殊发展障碍”，定义为“儿童在完成精细与粗大运动任务上的动作协调水平显著低于以其年龄和总体智力为基础的预期水平，这一协调困难应当在其发展早期就已存在”。

1994年，美国精神病协会将动作障碍命名为“发展性协调障碍”，定义为“标准A：个体在要求运动协调性的日常活动中的表现明显低于其年龄和智力的相应水平，它可能表现为里程碑性运动能力（走、爬、坐等）的获得显著滞后，掉东西，笨手笨脚，书写困难等”；“标准B：由于标准A的问题，个体的学业成绩与日常生活受到了显著干扰”。

动作障碍在儿童中的发病率较高，根据各种估算，发生率在5%～15%，甚至可能高达20%。人们为什么要研究动作障碍呢？动作障碍会给儿童日常生活带来显著的困难，严重影响其学业成就。

为什么有的宝宝会出现动作障碍呢？大量研究和临床实践表明，导致动作障碍的因素很多，包括个体神经生理、环境和心理等。

1.个体神经生理方面

小脑、脑干、基底神经节等部位的损伤被认为是共济失调、动作运用障碍和肌张力不足的主要原因。与小脑有关的常见的动作障碍症状表现为震颤、大肌肉群精确性差异及手眼协调困难等。书写综合征可能与基底神经节和小脑有关。

2.环境因素

宝宝出生前，如果孕妈妈比较容易情绪激动，不懂得科学调整，可能制约胎儿动作的正常发展。孕妈妈抽烟、喝酒、饮食不良等都可能因为影响营养传输而造成胎儿大脑发育不足，引发宝宝感觉和动作发育不良。

如果父母对宝宝缺少关爱，宝宝为了吸引父母的注意，获得更多的关注，他们可能故意做不好一些动作，或者疏于自己做动作，久而久之，影响了动作的发展。

不管哪种原因导致的动作障碍，都要早发现、早矫治，这样才不会影响正常的发育、学习和生活。所以，父母要学会去判断宝宝是否存在动作障碍。动作障碍的主要症状表现有以下几种。

肌肉张力问题：张力不足或者过度。张力不足导致的动作障碍，使得患者看上去精神萎靡不振，可能伴有姿势异常和肥胖等症状。张力过度的孩子难以顺畅地完成多种动作。

动作的计划性不足：失用症与运用障碍。动作运用指的是将若干离散的动作整合成复杂的行为。主要包括：观念性失用、肢体失用、口头失用、构建性失用等。

动作的控制性失调：动联症。表现为并不参与任务完成的身体部位也处于活动或紧张状态的现象。

动作的持久性障碍：固着与非持久性。动作固着是指儿童无法恰当地变换动作程序，而动作非持久性是指个体无法在一段时间内保持某种姿势或者把某种运动继续下去。

动作的稳定性缺失：震颤及动作不稳。动作表现为低幅震颤以及不规则的动作不稳定现象。

动作的协调性缺陷。儿童无法将一个个分动作顺畅地整合成所需要的行动。包括：力量的传递问题、节律动作的整合问题。

当宝宝存在以上情况的时候，父母要密切观察，及时带宝宝就医，以免耽误了宝宝的健康成长。

宝宝1岁半了，还不会走，担心吗

在宝宝开始蹒跚学步以后，1～2岁是宝宝行走能力快速发展的时期。如果到了1岁半，宝宝还不会走路，这个时候有的妈妈就开始担心了。这种情况下，如果宝宝已经经历了一段时间的爬行期，会站着了，就可以有意识地锻炼一下走路。毕竟，领着宝宝走路可以锻炼宝宝的骨骼承受力、肌肉的力量、身体平衡力、对环境的预判能力等。

1.早练习走路好吗

现实生活中，有的父母开始训练宝宝走路的时间比较早。如果宝宝太小，不够1岁，还没发现他们有迈步行走的欲望，甚至也没有出现扶着走的情况，大人就不要扶着宝宝练习了，尊重孩子就是从这样的一点一滴的小事做起的。

即使宝宝愿意接受训练，也要照顾到宝宝的身体发育情况。对于不满1岁的宝宝，练习的时候也不要操之过急，要少走路，不能超过宝宝的骨骼支撑能力。看着宝宝能够直直地站着的时候，可以稍稍多走几步。

最初的训练，能提高宝宝对走路的兴趣就算达到目的了。妈妈先让宝宝扶站住，然后妈妈离开宝宝一段距离，在离宝宝不远处的高处放上玩具，指着玩具对宝宝说："走过来，拿啊！"宝宝拿到后，要鼓励说："宝宝又长大一些了，能自己拿玩具了！"这样，宝宝感到愉快，就会向往走路，也有迈步的信心。

2.保护好宝宝

养育宝宝，第一重要的事情就是保证宝宝的安全。宝宝学走路的阶段，身体平衡能力不强，还没有掌握住走路的技巧，很容易摔倒。小宝宝心理脆弱，自我保护意识强，一旦摔倒，就可能对走路产生恐惧情绪，从此不敢走路了，所以，父母要尽可能地保护好宝宝，不让他摔倒。

3.摔倒后，让宝宝自己站起来

当宝宝摔倒后，他可能就坐在地上不动了，然后看着大人的表现。这个时候，大人要默默观察，发现宝宝磕碰得不重，也没有受伤，妈妈就以轻松的口吻说："摔倒了，没什么，站起来吧。"如果宝宝咧嘴，可能是感觉很受伤，需要妈妈的安慰，妈妈可以抱抱宝宝，和宝宝共情："宝宝不想摔跤啊。"

4.准备一些走路玩具

宝宝处于行走敏感期的时候，他们最热衷的玩具是走路玩具，玩这样的玩具，既锻炼了宝宝走路，也满足了他们玩耍的需要。现在，在玩具城里有各种可以推着走的玩具，比如小推车、手推小飞机、手推学步车等。买一件回来，当成宝宝走路时的“左膀右臂”，宝宝玩儿着玩儿着就走起来了。

最喜欢拿捏细小物品

某一天，父母发现，小宝宝喜欢拿捏细小的物品了。什么小石子、小扣子、小虫子、小小的贴画等，这些大人费劲儿寻找才能发现的小物品，宝宝不但能够找到，还能轻松地捏在手里把玩，让大人都纳闷：你是从哪里找到的？我明明在沙发、床、地垫、茶几上都搜索过，却没有发现，宝宝竟然发现了。

是啊，小孩子就是这么牛。尤其是到了某个成长阶段，处于某个敏感期的时候，他们对相应的动作和行为特别热爱，乐此不疲，因为热衷，所以会做得特别好。

大约1岁半前后，很多孩子都进入了细小事物敏感期。他们对特别小的物品非常感兴趣，走在马路上，一块小纸片也能吸引他们的注意力，他们会饶有兴致地蹲下来看一看，然后问妈妈“这是什么”。这个时候，不要嫌宝宝烦，应满足他们的好奇心，不但给宝宝讲一讲这些小物品，还可以将相关知识进行拓展，这样更能促进宝宝对这个世界的认知。

宝宝捏拿细小事物是一个精细动作。精细动作能力主要指依靠手以及手指等部位的小肌肉或者小肌肉群的运动，在感知觉、注意等多方面心理活动的配合下完成特定任务的能力。精细动作能力对个体适应生存及实现自身发展具有重要意义。即使只有一年做父母的经验，在这方面也有了足够多的体会。宝宝能够捏着饼干吃、玩拼插的积木、挤牙膏、撕纸等，都是精细动作发展的结果。

在细小事物敏感期，宝宝喜欢捏拿细小事物，这是身心发展的内驱动力驱动的结果，这样的动作促进了宝宝小肌肉和手眼协调能力的发展，增强了宝宝对外部世界探索和发现的信心和能力，掌握了更多的细节，也促进了宝宝对自我的认识和提高。所以，当宝宝表现出了对细小事物的探索欲望的时候，父母要给予支持。一方面，父母不能因为面前的物品不干净而拉孩子走开；另一方面，父母要为孩子提供一些相关的玩具，如十档小算盘、缤纷游乐园、积木小火车等。

当然，即使是为了锻炼精细动作能力而设计的玩具，这些玩具的功能也不仅仅是锻炼精细动作，还能锻炼手眼协调能力、认知能力、认颜色能力、小肌肉能力。宝宝玩儿的时候可能比较随心所欲，要想达到更好的效果，父母要起到很好的架构作用。

举个例子，宝宝最初玩十档小算盘的时候，他们可能会把整个算盘拿起来摇晃听珠子撞击算盘的声音，也可能是整个手来拨弄算盘，这样玩儿过几次后，妈妈就可以教宝宝来用食指拨弄珠子，往上拨、往下拨、往左拨、往右拨，每次拨一颗珠子、每次拨两颗珠子、每次拨三颗珠子，总之，玩法很多。

父母一定要明白，在陪孩子玩儿的过程中，自己温暖而快乐地回应孩子，孩子玩儿下去的愿望将会很强。

宝宝的大脑发育与智力水平

真正的智力行为出现：大脑快速发育期

1岁以后，宝宝进入了感觉运动发展的高峰期，这标志着真正的智力行为出现。如果父母足够仔细会发现，宝宝开始不断地重复某个动作，直到他们懂得了动作发生的结果以后，兴趣才有所降低。

当宝宝1岁多以后，他们已经能够用语言表达某个意思，更知道有些东西会摔坏的，可他们还是会出现把东西摔到地上的情况。为什么呢？因为他们迫切地想知道这么做的结果。“把牛奶洒在地上是什么样？”“妈妈买的新杯子摔到地上会碎吗？”……这么想着，他们就这么做了。

2岁前的宝宝处于感知运动思维阶段，他们无法凭借思维活动来推断行为的后果，而他们超级强烈的好奇心又迫切需要满足，怎么办？解决问题的方法只能是摔、倒、扔等行为方式。

这种情况下，父母怪孩子不是一种利于孩子成长的方式，而把易碎物品放得高高的也不是什么好办法。孩子到了1岁以后，他们已经不是简单地重复某个动作，看到什么就玩什么，而是要寻找自己感兴趣的、有趣的物品来玩儿，在玩儿的过程中，他们要按照自己的想法调整动作方式和动作对象。他们评判一件物品的价值是以是否有趣为标准的，感到有趣就要想办法玩一玩。

孩子的好奇心很强，看得到够不到会让他们的心更痒痒。所以，最好的方法，还是尽早满足孩子的好奇心。如果家里采购了一件新物品，那么就告诉宝宝这个物品的特性，让宝宝知道碰不得，如果宝宝好奇，可以在妈妈的陪伴下看一看，这样，宝宝的好奇心获得了满足后，也会知道私自行动的可怕后果，他们就不会自己鼓捣了。

宝宝要玩儿、要动，在玩儿和动的过程中，大脑不断地建立新的神经元链接、巩固旧有的神经元链接，促使大脑皮质增厚，大脑发育。父母作为孩子成长的支持者，不但要满足孩子的活动欲望，还要促进孩子的活动。父母多陪陪宝宝，在家里的时候可以跟宝宝聊天，给宝宝讲故事，模仿动物的样子，和宝宝一起玩积木。风和日丽的日子，带宝宝出去，跑跑跳跳，捉虫子、捡树叶，这些看似很简单的事情都可以根据情境演变成令孩子无比快乐的游戏，让孩子玩儿起来没够。

在这里非常值得一提的是，当妈妈做事情时，宝宝过来参与，妈妈就该尽可能地给宝宝机会，让宝宝和她一起做。比如，妈妈洗衣服，宝宝也要参与。这时，给宝宝准备一个小盆子，放一些温水，他就可以自己洗着玩儿了。关键是，“和妈妈一起干”让宝宝倍感温暖，心情好，探索欲望强，能更好地促进大脑发育。

看图识物能力发展的关键期

宝宝不是一出生就认识世界里的万事万物的，不过，他们是有着强大本领的观察者，很快地，这个世界对他们来讲就不陌生了，桌子、椅子、板凳、奶瓶、妈妈、爸爸等，他们都知道了。这说明宝宝的大脑已经具备了一定的思维能力，能认识，甚至记住所见、所闻。

心理学家通过对不到6个月的婴儿进行测试，提出了一个关于人类天性的基本问题：婴儿所具备的知觉能力已经超出了成人的预期。即使刚出生的婴儿，他们也能整合来自不同感觉系统的信息。而且，知觉和动作联系密切。知觉向儿童提供信息可以引导动作，动作不但为知觉提供了信息，还促进了认知系统的发展。宝宝知觉到的内容越广阔，获取的知觉信息越多，大脑发育就越快。

父母除了要带宝宝走出家门，见识更广阔的世界外，待在家里的时候，也可以认识世界——通过看图片来认识物品等。图片汇集了各种事物，宝宝没看到过的事物，通过看图片，父母讲解后，宝宝知道了是什么；宝宝看到过的事物，在图片上出现后，能唤起宝宝的记忆，父母再讲一些科普知识、有趣的故事，也能丰富宝宝的思维。

现在呈现图片的形式很多，有电脑、电视、手机、平板电脑、纸质书籍等。对于小宝宝来讲，纸质书是第一选择。纸质书摆在眼前，宝宝摸得着、看得见，而且时间看得久一些也不会因为光线刺激而影响宝宝的视力。

当妈妈给宝宝指认图片上的事物的时候，宝宝可能会抢，妈妈不要躲避，给宝宝就好了。只要宝宝看到了，就有了直观的感受，已经会说话的宝宝就能用语言表达出来了。父母选择图片，色彩越鲜艳、简单明快，越能吸引宝宝注意。

生活中，父母可以给宝宝讲一讲各种事物。比如，妈妈拿来一个红苹果，给宝宝吃。妈妈问："这是什么？"宝宝说："苹果。"妈妈接着问："是什么颜色的？"宝宝说："红色的。"这时，妈妈可以问宝宝："你还吃过什么颜色的苹果？""苹果是什么形状的？""吃起来是什么味道？""上次在谁家吃了一次苹果？那个也是红色的，但是和咱们这个不一样。"这样的聊天，锻炼了宝宝的观察能力、理解能力、思维能力、表达能力，极大地促进了宝宝的认知发展。

1岁以后，具有"手段—目标分析"的能力

宝宝能自己动脑筋解决问题吗？他们具备一定的分析能力吗？这些问题可以从他们的行动中找到答案。

春末的早晨，天不热，妈妈带着刚会走的宝宝在外边玩儿，宝宝跑来跑去地采花、捡树叶，脸上挂着兴奋的笑容。这时，宝宝注意到路上有一只小虫爬来爬去，他扔下树叶跑了过去，蹲着看了一会儿，伸手去摸。妈妈说："宝宝，不要用手摸，很脏啊！"被妈妈提醒后，宝宝又蹲了下来，看了一会儿小虫后，宝宝看向四周，然后走到树丛中。宝宝拿回一根小棍儿，他开始用小棍儿轻轻地扒拉着小虫子，看小虫子的肚皮。

妈妈不允许宝宝用手直接抓虫子，可是他又想碰碰虫子，怎么办呢？宝宝想到了一个办法，捡一根小棍儿来扒拉。这样的一个思维过程，表明宝宝已经理解了手段和目的的关系。他们知道要达到自己的目的，需要采取一定的办法，而这个办法就是用小棍儿来扒拉。

宝宝的这项能力启发父母，可以多给宝宝创造机会，让他们自行解决问题，从而促进他们的思维发展。

在解决问题的过程中，尽管儿童知识储备匮乏，信息加工能力有限，当行为遇到阻碍的时候，他们仍然会不断努力，以逐步接近目标。在这个过程中，儿童使用的策略叫作“手段—目标分析”。2岁前的宝宝处于感知运动阶段，他们依靠感知觉和动作来适应环境、认识世界，这一阶段的思维水平为直觉动作思维。

那么，是不是宝宝一出生，就能运用手段来达到目的呢？当然不是。宝宝一出生就懂得吃奶，会吮吸，这是一种先天性条件反射，是本能。妈妈给宝宝吃母乳的时候，需要先把衣服撩开，宝宝才能凑上去吃。如果乳头被衣服覆盖，小宝宝即使急到哭起来，他们也不会撩开妈妈的衣服。

一般到4个月以后，宝宝的手眼有了一定的协调能力，视觉与手部的动作能够配合，他们在不断地触摸过程中认识到自己可以对周围的物体施加影响，比如，用手拍球，球跑了；碰到床上的玩具，就掉到了地上……宝宝认识到动作（手段）与动作的结果（目的）产生分化，可以通过某个动作达到一定的目的，这样，他们能做的事情就多了。饿了，他们会主动撩开妈妈的衣服去吃奶；渴了，他们会先指指杯子，然后再指指水壶。

宝宝解决问题的方式很特别，直接用动作来实现，看到一件新奇的物品，想知道是什么，他们除了会抓、咬、敲、打、扔，还会往另一个物品上磕。遇到硬的物品，他们有时会用小锤子来砸。这个过程不但帮助宝宝认识了物品，还因为在认识过程中不断地思考促进了大脑发育。

宝宝特别好动，他们一刻不闲地鼓捣、摸索，他们之所以会这样，就在于他们要靠动作来思考，来认识外界事物，获得生活经验。所以，父母千万不要为了安全而捆住孩子的手脚，要知道，失去了动作的机会，宝宝的成长就减缓了。

空间知觉能力：空间敏感期

大约从1岁开始，宝宝的活动能力大大增强了，他们到处爬、不停地走，钻到桌子底下、把东西扔来扔去，如果遇到一个沙堆或者土坡，他们会不知疲倦地爬上爬下。这些都是空间敏感期的孩子的表现。他们要建立空间意识，就要用身体去丈量空间距离，感受位置的移动。

空间感知觉能力的建构持续的时间比较长，从出生开始到五六岁结束。随着年龄的增长，宝宝行动能力增强，空间敏感期的表现也不一样。10个月左右的时候，宝宝比较喜欢扔东西，不分场合，反复扔。在床上玩儿的时候，他们会把床上的东西扔下来，枕头、手机、书等，想扔就扔。在外边玩儿，看到路边的小石子，他们会捡起来抛向远处。到了池塘边，只要发现小土块、小石子等，他们就要捡起来，扔进水里，看着水花飞溅，他们哈哈大笑。

随着他们行动能力的增强，会爬了、能走了、敢上高处了，他们就不再满足于通过扔东西来感受空间距离，而是要用身体去感受。他们喜欢玩钻洞洞的游戏，爱上了玩滑梯，喜欢登高远望、翻找抽屉、挖沙土、从高处跑下来、上台阶、荡秋千等。宝宝就是这样在不断地以不同的形式感受外在环境的过程中唤醒内在的感觉，使得内部的感受和外在的形式和谐统一，身体的感觉系统获得更好的发展后，能够更加精准地知觉自身位置和外界事物的空间距离。

当宝宝进入空间敏感期后，虽然他们的成长目标指向的是建立空间知觉，但是对成长的推动是全方位的。比如，孩子上台阶，一阶一阶往上爬，这个过程需要身体各个部位协调活动，眼睛看路，脚步跟上节奏，以防踩空滑下来。宝宝往上爬的过程，也锻炼了腿部肌肉。即使只是十几级台阶，但对于一两岁的宝宝来讲却是一个大任务，如果宝宝完成了，内心会产生满足感，能增强他们的信心和勇气。

空间敏感期在成长过程中肩负着很大的使命，宝宝要在这个时间段里了解物品和空间之间的关系，并建构空间概念、空间智能。可以想象，一个从来没有从小土堆上蹦下来过的孩子，当他处于较高的地方的时候，他会很茫然，因为他不知道自己能不能跳下去。

空间感受的建立迫切而急速，因为成长受内在生命力驱动停不下来。如果一个孩子在十几级台阶前不停地上来下去，小半天都不愿意离开，父母可能会觉得很无聊，但是，对孩子来讲却是成长的需要，父母应该尊重孩子的意愿，陪在他身边。

给宝宝充分的活动和感受的机会，让他们的身体充分接收来自各个方位、各种情境中的信息，提高的不仅是他们的空间感知能力，还有心理承受能力。

期待一个有秩序的环境：秩序敏感期

几乎是从出生的时候起，宝宝就进入了秩序敏感期。这是一个持续时间较长的敏感期，在四五岁以后还会有强烈的表现。

刚出生的宝宝，当他们有了生理需要的时候，就会哭泣。而当他们的生理需要没有被满足的时候，他们就会拼尽全力哭泣。在宝宝的意识里，饿了、尿了、拉臭臭了，自己哭几声，妈妈就得过来，及时满足自己的需要。这是生命赋予宝宝的能力，是内在的秩序，父母给予配合，相当于宝宝获得的是有序的外在养育环境，宝宝生活的内在和外在环境相一致，符合生命发展的需要，有助于宝宝塑造健康的符合自然本性的人格特点。

从孩子自己来讲，他们无时无刻不期待着一个有秩序的环境，这样的环境是符合生命发展规律的，而作为养育者的大人首先要读懂宝宝的内在需求。

对于1～2岁的宝宝来讲，他们还不能很好地表达内心的需要，但是他们的生命却在向前发展，当孩子有秩序敏感期的表现的时候，家长要密切观察，从保护宝宝、理解宝宝、尊重宝宝的角度出发，而不是置之不理或者和宝宝对抗。

举个例子，宝宝在外边玩太空漫步机，一共有三台，宝宝玩儿了一台。这时，宝宝下来去小便了一下，回来后，发现有小朋友已经站到他刚刚玩的太空漫步机上了，他很生气地说："你下来，这个是我先玩儿的，是我的。"对方不买账，说："这是大家一起玩儿的。"两个人闹得不可开交，这个时候，家长该怎么办？最好的办法是让宝宝玩他最先玩的那一台，满足他的秩序敏感期的需要，但是因为他的逻辑是不成立的，然后一定要告诉他："不是谁先占上就该谁玩儿，你不在的时候，别的小朋友玩儿很正常，你没有权利自己霸占着。"

这个例子中，孩子认为"我先玩儿了，你就不能玩儿"，这是孩子心中的"秩序"，这样的表现是生命发展到这个阶段必须经历的过程，是生命发展的秩序。

再举个例子。当宝宝拿着自己的物品出去玩儿的时候，其他小朋友也想玩儿。妈妈想给其他的小朋友玩儿一下，宝宝紧紧地攥在手里。妈妈越劝说，宝宝越摇头，就是不同意。这种情况下，怎么办？正确的做法是转移其他小朋友的注意力，让他们去玩儿别的。在宝宝心中，自己的玩具就是自己的，不能给别人玩儿。他们的思维模式就是这样的，他们理解不了“给别的小朋友玩玩还能还回来，玩具还是自己的”。即使父母想促进孩子思维模式的发展，也不能强制。

有一天，当孩子拥有了客体永久性的认识，他们真正建立起了物权意识，也就懂得了自己的玩具给别人玩儿还是自己的，还能回到自己手里，那么，他们就不会那么“抠门”了，他们会觉得和小朋友互换玩具是非常快乐的事情。

从“抠门”发展到“交换”“分享”，大多数孩子都是遵循这样一个顺序发展的。

语言游戏：从“喔喔”“啊啊”开始

语言游戏也是婴儿早期的社会性游戏的表现形式。1岁前，宝宝的语言发展处于前语言时期，这个阶段儿童通过声音、面部表情、手势、模仿和其他非语言的方式进行交流，是语言获得的核心期。

出生不久的宝宝发不出声音，除了哭，他们在声音上没有什么表现。两三个月以后，他们会发出类似言语但又没有意义的声音，如“喔喔”“嗯”“啊啊”等类似的声音，但是，随着他们一点点长大，五六个月以后，牙牙学语的声音里开始有了辅音。这个阶段，父母对他们的牙牙学语做出回应，他们还会积极重复回应。所以，亲子之间进行牙牙学语式的对话，会让宝宝体验到交流的乐趣，令他们开心。

在这个过程中，宝宝把语言当成制造声音的游戏，很多妈妈会在模仿宝宝声音的同时，说出一些短句：“你饿了啊”“好开心啊”“胖胖宝宝”等。有的妈妈干脆就读儿歌、童谣等，而且故意做出丰富的表情，宝宝就更开心了。

宝宝语言发展遵循“理解先于生成”的原则。宝宝在不会说话的时候，已经能够听懂妈妈的话。所以，宝宝多听父母说话，尤其是在父母陪宝宝玩游戏的时候，一边玩儿一边说，说与游戏有关的内容，更利于宝宝的语言发展。

对于处于语言敏感期的宝宝来讲，他们一点儿都不挑剔语言的内容，只要父母跟他们说，不管什么环境下，他们都乐于接受。阳光明媚的春日里，宝宝躺在婴儿车里，妈妈推着宝宝在公园里散步，一边走，妈妈一边描述所见到的景物，或者背诵诗词、唱歌，对宝宝来讲，都是很好的语言激发。

和宝宝玩游戏的时候，妈妈一边玩儿一边讲述游戏的步骤，或者描述游戏的乐趣，对宝宝来讲都是很好的语言刺激，宝宝在动手的过程中领会妈妈的讲述，玩耍的兴致更高。

大部分宝宝从1岁左右开始，就开口说话了。他们的语言特点是思维活动的再现，一边做一边说，一边想一边说，做什么就讲什么，怎么想就怎么说。

宝宝的自言自语被称作以自我为中心的想象性独白，这是一个创造性的说话方式，在游戏中，宝宝一边玩儿一边自言自语，主角是自己及其眼里的世界，这种语言是幼儿在游戏过程中思维与想象的外化。

这是怎么回事呢？人的语言分为内部语言和外部语言，外部语言是说出来的话，是人与人之间进行信息交换的音义结合的信息符号系统。内部语言是大脑思维信息符号系统。内部语言活动是以外部语言为基础，并以生成外部语言为结果的信息处理过程。宝宝的自言自语就是从外部语言向内部语言转化的一个过渡阶段。随着宝宝语言能力的发展，大声地自言自语会变成小声地嘀咕，最后转变为静默无声的内部语言。

宝宝的情绪与情感

“我不要你了”太伤宝宝心：情感纽带

有的妈妈为了检验宝宝跟自己是不是很亲，当别人抱着宝宝的时候，会对宝宝说：“我走了，不要你了！”听到妈妈这么说，宝宝会大哭。宝宝最怕妈妈不要他了。

宝宝在妈妈身体内的“小房子”里长大，同呼吸共命运的感觉从出生后就断裂开来了。出生后，宝宝需要建立一种情感联结——自己和妈妈是一体的，这样他们才会感到安全。妈妈的付出有利于宝宝情感联结的建立，妈妈帮助宝宝满足了各种需要，比如生理需要、安全需要、归属与爱的需要等，宝宝就会感觉和妈妈很亲近。

“和妈妈在一起的感觉”是联结宝宝和妈妈的情感纽带。对于依赖性很强、生存能力很弱的小宝宝来讲，和妈妈的情感纽带是他们生存的信心和力量。他们最怕失去父母和父母的爱，也就是被遗弃。

宝宝会有一种担心父母不爱他、自己会被抛弃的感觉，这种感觉叫作被遗弃感。日常生活中，当宝宝感受不到父母的爱和关注，就会惶恐不安，产生被遗弃感。宝宝产生被遗弃感后，整日处于担心、害怕中，会影响身心发育，危害并不亚于真正被遗弃。为此，有的孩子患上了“心理矮小症”，有的孩子患上了“儿童缄默症”。

儿童的被遗弃感来自两方面：一是母亲，二是夫妻关系对孩子的影响。如果妈妈陪伴在宝宝身边，当宝宝有什么需求的时候，妈妈及时出现，满足宝宝的生理需要；宝宝寂寞了，妈妈就过来陪宝宝一起玩儿，跟宝宝说说话，和宝宝一起玩个小游戏等。在1岁前，被及时满足的宝宝基本能够建立起坚固的信任感。宝宝感觉到自己被妈妈深深地爱着，就不会有被遗弃感。

宝宝需要一个踏实、稳定的环境来完成心理成长。如果父母关系不好，经常吵架，势必会把不良的情绪投射到宝宝身上，宝宝失去了周全的照顾和亲切的关爱，就会产生不安全感和不信任感。一旦爸爸或者妈妈不在身边了，他们就会患得患失，产生一种被爸爸或者妈妈遗弃的焦虑、紧张、害怕的感觉。这样的宝宝不但小的时候内心不踏实，即使长大后内心也会有阴影，表现在社会交往中不懂得遵循正常的交往规则，对自己和他人都缺乏信心，性格孤僻，难以驾驭人际关系，对生活的看法容易悲观等。

平日里，如果宝宝经常出现神情忧郁、心事重重、夜间哭闹、和父母分别很难的情况，父母就该自我反省，看自己是否给了孩子一个稳定、和睦的家庭环境。父母脾气不好，不懂得互相尊重，动不动就吵架、闹着要离婚，会对宝宝的情感世界产生强烈的震荡，使得他们不断担心自己会被遗弃，于是就会密切观察父母的行动，只要父母要离开，他们就会大哭大闹，极力留住父母。

表达爱：从同情出发

爱需要回应，才能流动起来，否则，会让主动表达爱的一方很失望，甚至怀疑自己是不是被爱。父母觉得小孩子不懂爱，当宝宝有了爱的表达的时候，父母可能会忽略。父母的忽略行为一定不是孩子要的，也不利于孩子成长。

宝宝几乎是天生就有移情能力，当看到别的宝宝哭泣，他们也会哭泣，如果哭的人是父母，那么宝宝一定会大哭。如果夫妻间有什么不愉快的事情发生，家里的氛围比较紧张，他们会乖乖地自己玩儿，不闹着让父母带他们出门玩儿。

在宝宝几个月大的时候，妈妈和宝宝短暂分离再次见面的时候，宝宝会开心得手舞足蹈，腻在妈妈怀里不离开。妈妈要出门，宝宝要么哭泣，要么胳膊紧搂着妈妈的脖子不松开，想让妈妈留下来。这个时候，父母会很感动，宝宝懂得和妈妈亲了，他们要和妈妈在一起，这是爱的表现。某一天，爸爸或者妈妈去上班，宝宝送他们到门口，然后说："爸爸，开车小心点儿，路上注意安全。"同时，不忘和妈妈吻别："妈妈，我会想你的。走吧，别迟到了。"这些都表明宝宝懂得爱了。

在这种情况下，父母要对宝宝爱的表现有呼应，以提升他们对于爱的理解。当宝宝被他人的哭声感染的时候，告诉宝宝："小姐姐伤心了，我们先去那边玩儿，让小姐姐安静一会儿。""你问问姐姐，给她玩这个玩具，她会不会开心点儿？"父母这么做是给孩子示范如何对待他人的情绪，也是提醒孩子要注意别人的情绪变化。

当父母和宝宝在一起，宝宝表达亲昵或者离别的伤感时，父母要抓住机会接纳他们，他们开心，陪着他们痛快地玩耍；他们伤感，和他们一起静静地品味，使得孩子在感受情感共鸣的基础上充分释放当时的情绪。

1岁以后，宝宝表达爱的能力逐渐上升，他们懂得关心他人了。妈妈难受了，他们会过来用小手抚摩妈妈的脸；他们吃好吃的，会过来给妈妈尝一尝；玩儿着玩儿着，就过来亲亲妈妈的脸；还会说："我要帮妈妈干活儿"……总之，不断地有暖化了父母心的行为表现出来，这说明宝宝已经感受到了父母的爱，他们要向父母表达爱。这个时候，父母要给孩子机会，让孩子看到父母很享受被孩子爱。

宝宝给妈妈吃美食，妈妈吃下一口，很享受地说一句："好幸福啊，谢谢宝宝爱妈妈！"宝宝帮妈妈干活儿，妈妈亲亲宝宝，然后说一句："宝宝帮我干活儿，知道心疼妈妈了，我感到非常开心。"父母的积极回馈不但能激发孩子表达爱心的热情，还会使他们懂得爱他人是一件让他人和自己都开心的事情。

害羞，是社会退缩行为吗

大约在1岁半前后，宝宝突然变得扭捏了，不再像以前那么不管不顾地往前冲。有人送礼物给他们，他们躲在大人身后眼巴巴地看着，却不往前迈步，即使对方拿着的是他们期盼已久、心向往之的玩具，也是一副羞答答的模样。如果对方说："喊'奶奶'，喊我，我就给你。"那么，宝宝可能就不要了，拽着大人要回家。

如果有人比较大大咧咧，被宝宝可爱的模样吸引，没等宝宝同意就抱起来了，可能会导致宝宝大哭大闹地要回到亲人身边。

遇到这种情况，大人不要觉得自己的孩子太没出息了，硬是把宝宝推到他所不愿意的那一方。那样，只会让宝宝感到更加尴尬、无所适从。教育行为的有效性在于在对孩子没有任何伤害的情况下，能够解除孩子心中的顾虑，使他们做出适应社会发展的行为。

害羞是一种正常反应，有生理反应的成分，也与性格、环境影响有关。孩子见人害羞，父母先要搞清为什么，然后在此基础上给予适当的引导。

首先，可能是孩子本能的自我保护。当他们看到对方并不是自己熟悉的人的时候，想到妈妈曾经的忠告“不跟陌生人接触”“不拿陌生人的物品”等，于是，就做出了抗拒性行为。这样的表现没有什么不妥。如果父母对孩子说：“这是奶奶的朋友，和你的奶奶一样爱你，你可以接受礼物啊。谢谢奶奶。”他们解除防备心理接受了礼物，这事就过去了，没什么。

其次，可能是孩子比较内向。内向的孩子行动力比较弱，平时交往少，跟人沟通的机会也比较少，面对陌生人、陌生的情境，或者曾经遭受过挫折的环境，更容易紧张。这个时候，父母不要怪罪孩子，多给孩子创造与人接触的机会，自己也要多陪孩子聊一聊。除此以外，多和孩子做游戏，让孩子在游戏中体验成功，成功的满足感会增强他们的自信，使他们积极地去战胜内心的恐惧，勇敢地适应社会。

害羞作为一种情境性的行为表现，偶尔出现并不影响宝宝的生活与成长，如果形成了一种见人后的回避性的习惯，见到人不愿意沟通，或者不知道怎么与人沟通，父母就该反省自己的教养方式了，改正教养过程中限制孩子天性、给孩子压力的行为，多做利于孩子成长的行为。

小小孩，会嫉妒

即使再小的孩子，也会与他人进行比较。如果你没有听到孩子说以下话：“妈妈，我和牛牛比，谁更帅呢？”“妈妈，你爱我，不爱姐姐，对吗？”“妈妈，我是最棒的！”但是在你的孩子身上却发生了这样的事情。当孩子看到别的小朋友玩一个很时髦的玩具后，他就让妈妈买，或者过了几天提出来买，那么，往往表明你的孩子可能已经开始嫉妒了。

作为自我意识情绪中的一种，嫉妒情绪一般产生于遇到比自己优越的其他人后，做了比较，就有了得到的欲望。在一两岁的时候，宝宝的嫉妒情绪已经很明显了。宝宝看到别的孩子有滑板车就会抢，或者直接说让父母去买；看到妈妈抱着弟弟或者妹妹，就哭着喊着让妈妈放下；当一朵小花被别的小朋友摘走了，他会哭泣，伸手去抢。这些行为里都或多或少地包含一些嫉妒或者羡慕的情绪。

嫉妒是一种普遍存在的情绪，当嫉妒转化成奋斗的动力时，就有了积极的存在意义；当嫉妒变成了“伤害”他人的导火索时，嫉妒就是“魔鬼”。

当孩子在一两岁的时候，如果他们有了嫉妒情绪，那么，父母就要将它引导到自我提升的方向上来。

比如，当一位阿姨夸奖一个宝宝帅的时候，另一个宝宝被忽略了，没有得到这种赞美。在他们还不能理解“恭维”和“别的小朋友帅并不影响自己啊”这些道理的时候，父母可以告诉另一个宝宝：“你也学阿姨，夸一下那个宝宝吧！就夸他帅吧！会赞美的宝宝最可爱了！”这样，就教给了宝宝一种与人相处的态度：去发现别人的优点，夸一夸。宝宝做到了，当然要肯定啊！父母可以对宝宝说：“与帅宝宝做朋友，感觉很美好。去吧，一起玩儿去吧。”

在宝宝成长的过程中，父母是他们的引路人。当一些带有感情色彩的生活内容来到宝宝生活中的时候，他们还不具备“消化”能力，父母责无旁贷地要给予正确的引导，培养他们正确的人生态度。

第一次分离焦虑：妈妈上班

宝宝较长时间地和妈妈在一起后，他们会因为妈妈要参加工作或者宝宝要去幼儿园而和妈妈分离，这个时候，分离焦虑就产生了。分离焦虑是当熟悉的照顾者离开时，宝宝所表现出来的紧张情绪。

一般来讲，宝宝和主要照顾者的分离一共有两次，一次是妈妈离开宝宝去上班；另一次是宝宝入园。这两次分别，都会导致宝宝出现紧张、焦虑、不开心的情绪。

第一次分离，一般发生在宝宝6个月的时候，或者12～18个月的时候，这两个阶段宝宝对分离比较敏感，而一些妈妈要离开宝宝，宝宝会因为和妈妈的分离而紧张、哭闹。

宝宝和照顾者（主要是妈妈）建立起了依恋关系，依恋的一个关键特征是个体与依恋对象分离时感到焦虑。研究者发现，这种由分离焦虑引发的哭泣与内啡肽的突然降低有关。当幼年恒河猴与母亲分离的时候，内啡肽会突然降低。这个时候，补充少量的吗啡可以减少它们的哭泣。

内啡肽是身体的自然镇痛剂，内啡肽在分离焦虑上的作用可能有助于解释为什么人们在失去依恋对象时会有疼痛感。

对宝宝来讲，经历分离焦虑不是坏事情，会让宝宝更独立。不管是经历哪一次分离，在经历了一段时间的哭闹和不安后，宝宝开始形成一种心理表征：自己是被父母关爱的，眼下的分离只是一段时间，很快，自己就会和父母见面了。

宝宝的行为表现与性格发展

自主性：1～3岁，自主vs羞怯

在1～3岁，埃里克森认为儿童的主要成长任务是获得自主感，避免怀疑感与羞耻感，体验着意志的实现，并形成意志品质。意志指的是不顾不可避免的害羞和怀疑心理而坚定地自由选择或自我抑制的决心。

在1～3岁，儿童的社会化迅速发展，表现在心理方面，在两三岁的时候，自我意识基本形成，他们有了强烈的自我意识感。在他们心中，自己已经是个独立的个体，也掌握了大量的技能，所以，他们认为自己能做很多事情、能够影响外界环境。这不就是长大了吗？没错，他们的确觉得自己长大了。长大感促使宝宝要表达独立，竭尽所能地表达自己的意愿。已经能够区分自我意识与他人意识的他们为了彰显自己的独立，还会不停地与他人划界限。如果你看到宝宝无缘无故地把家里的某个物品挪了个位置，这也是自主性的表现，他们感觉自己有了影响外界环境的能力，就会不断地“挑衅”。在这个过程中，他们会反抗父母的安排和管束，情绪强烈而执拗，即使以前很温顺与听话的宝宝，也会出现反抗父母的行为。

在生理方面，埃里克森认为，排泄训练是这一时期一种重要的社会情境，它可能使儿童形成一种自主感，也可能使儿童产生羞怯、自我怀疑。这个阶段的儿童开始学会对自身身体的控制和大小便排泄，因而使儿童进入自己意愿与父母或其他养育者意愿相互冲突的危机中。

如果父母或其他养育者能够理解儿童的行为，将引导、鼓励和适当批评相结合，对儿童的行为限制适当，给予儿童一定的自由，就会使儿童建立起自主性和自我控制的意识，增强自信心，促进自主危机的解决，形成意志坚强的品质；相反，如果父母或其他养育者在这一时期对儿童管束太多，对其不当行为过分责备甚至惩罚，就会使儿童感到羞怯，产生怀疑的人格，并对自己的能力产生疑虑。

宝宝控制大小便的生理结构是慢慢发育起来的，这就决定了他们排便自理能力不是与生俱来的，需要父母帮助、支持他们获得这项能力。在这个过程中，父母要尊重宝宝的意愿，使宝宝在亲子之间的训练情境中享受到自由和自主，这样宝宝就不会陷入羞怯和怀疑的情绪当中。

另外，这个年龄段的宝宝会抢着做一些事情，比如自己穿衣、吃饭、喝水、整理玩具、取物品、倒水等，大人是否给宝宝机会去做这些事情，做的过程中是否积极鼓励，是否接受宝宝行为的后果，这些直接决定了宝宝自信心的建立。宝宝能做这些事情后，内心充实而自信，他们能沉住气去完成这些事情，也敢于挑战其他的事情。相反，当他们做不好这些事情的时候，“长大感”与现实的距离更大，想独立又独立不起来，对他们内心也是一个打击，他们会怀疑自己的能力。

如果这一阶段的危机得到积极解决，儿童就会形成意志品质，成年后倾向于坚强、独立、克制、自律等积极的人格特征；如果这一阶段的危机被消极解决，儿童就会形成羞怯感，成年后倾向于意志薄弱、依附、随意、敷衍等消极的人格特征。

做好准备：宝宝的自主感在逐渐增强

从孩子的行为和心理的角度来讲，自主感就是自己能够主宰自己一切的感觉以及自己要主宰自己生活的愿望，建立起获取自主能力的意识。为了配合宝宝发展他们的自主性，父母该怎么做呢？

1.了解自主感的重要性

父母一定要了解自主感对一个人一生的发展所具有的重要意义。如果一个孩子的自主感发展得好，那么，他独立的愿望就更强烈，就会趋向于独立做事，有利于增强自信，发展意志品质，不害怕，还能避免依赖父母。

生理发展是心理和行为发展的基础。伴随着宝宝身体机能的进步，宝宝的行动能力和心理独立性快速发展起来了，1岁以后具体表现为：大部分宝宝已经掌握了基本的肢体动作，而且非常熟练，他们可以自如地蹲下、站起，对自己身体的支配能力大大提升，在行动上他们的想法也在增多。他们一改从前妈妈给什么他们就玩什么的乖巧劲儿，而是要遵从自己内心的需要，对什么好奇玩什么。这个时候，父母要尊重孩子的特点，帮助他们实现自主愿望。

2.支持他们的自主需要

吃、喝、拉、撒、睡是一个人基本的生理需要，照顾好自己、满足自己的生理需要，是每一个人都该具备的基本能力。这样的能力不是长大后自然成长起来的，而是从小培养出来的。宝宝在不同的年龄阶段有不同的发展需要，1~3岁，他们开始独立，需要发展自主感，那么，就要支持他们。

在一两岁，最明显也是最强烈的表现，就是宝宝要自己吃。吃饭、吃水果、吃零食等，都要自己上手。如果父母还想像以前那样喂宝宝吃饭，他们一定是闭嘴、扭脖子、抢碗、抢筷子，这个时候，父母该怎么做呢？最好的做法肯定不是对着宝宝大吼大叫，更不是吓唬他："吃不吃，不吃我端走了！饿着你！"父母要想到，孩子正处于发展食欲、建立良好饮食习惯的初始阶段，父母要促进他们形成自我规范。

给孩子准备好餐椅，开饭前，让孩子坐下来，告诉他："开饭了。"然后，给孩子的餐盘里放上他喜欢吃的菜和饭，就让他拿着餐具自己吃。在做这一切之前，大人还要做一件特别重要的事情，即给孩子洗干净小手、穿戴好饭兜。整个用餐过程中，宝宝把饭菜撒落到餐桌上、地上、身上，父母都要忍耐一下，中途去清理或者叮嘱孩子小心点儿都可能会打扰孩子用餐。这样的表现只是一个过程，等他们学会了拿勺子、舀饭、用筷子以后，就不会出现这样的情况了。

孩子的自主感也是随着他们自我意识的不断增强、思维能力的提升而不断升级的，慢慢地，到了两三岁的时候，他们的自主性会表现为买东西的时候要自己挑选喜欢的、自己的事情不让父母插手等。

别让任性妨碍了自主

宝宝坐在沙发上，哼哼唧唧地哭，他一定要喝酸奶，可是冰箱空了，家里没有了。外面下着雨，没法出去买。妈妈哄宝宝说："等雨停了，妈妈带你出去买。"然后，妈妈带宝宝去窗边，看了看瓢泼样的大雨。宝宝明白了，说："雨停了，你一定给我买去。"妈妈保证等雨停了以后就带宝宝出去。宝宝能够接受现实情况，暂时放下自己的需要，说明宝宝懂事，不固执。

但是，有的宝宝就是做不到这一点。当他的需要不被满足的时候，他就不停地说："我要出去买啊！雨什么时候停啊！"有的宝宝甚至还会哇哇大哭，缠着父母带他出去买。父母拗不过，只能带他出门了。

很明显，第二个案例中的孩子就是任性了。他不考虑现实情况，自己想要怎么样就得怎么样，大人好言劝说也不管用。长此下去，孩子将会变得唯我独尊，自私霸道。

两三岁的宝宝太任性，父母就该反思自己的教育行为了。平时，是不是太过于迁就宝宝？是不是在宝宝逐渐长大的过程中忽略了"立规矩"这件事？是不是经常无原则地满足宝宝的一切需要？父母的无原则会导致宝宝的无界限、不接受规则，同时也没有自主性。

1.物质方面，不要溺爱

在物质方面，当宝宝有要求的时候，父母不要为了满足孩子而难为自己，按照客观现实来，不能满足就直接跟孩子说，不能难为自己。在这个世界上没有哪个人是"万能"的，孩子面前的"万能"父母只是个假象。"万能"父母培养不出有爱的孩子，只会惯得孩子贪婪、任性，不懂事。

该满足的满足，不该满足的坚决不满足，这样的尺度带给宝宝的是一份对客观现实的准确认识，能够培养出孩子的自我控制能力，慢慢地，他就有了分寸感，在消费方面，会懂得有的消费可以实现，有的消费要避免，然后就自动做出取舍了。

2.正面教育是提升自主性的机会

宝宝不能接受事情的结果时，父母最好的做法是给他讲清楚为什么会这样，让孩子逐渐地建立起对客观事物的评判标准。当然，这需要一个过程，所以，在当时的情况下，为了缓解孩子的负性情绪，转移孩子的注意力，可以给孩子呈现另外的一份美好，从而让孩子变得更加开放和豁达。

举个例子，宝宝玩积木，想码出一座高桥，码着码着，宝宝哭了。怎么了？原来，宝宝用的是条形积木，对操作者的平衡力要求较高，而一两岁的宝宝臂部肌肉的持久性和手部小肌肉的灵活性都不高，码得稍高一点儿就会晃动、倒塌。妈妈劝宝宝换一种积木，那样，码起来就不容易倒。宝宝不同意，他的理由很简单："我就是喜欢这种积木嘛。"家里积木很多，各种形状的宝宝都喜欢，可是今天，他就认定这一款了。面对这种情况，父母应该怎么做呢？妈妈可以说："我们码两排，加宽一下，这样，积木站得稳，就不会倒了啊……"这样，宝宝就乐了。

大人针对孩子目前的需要和能力，扩大了玩耍的范围，使孩子继续很好地玩儿下去，有助于建构新的能力。

鹰架自主性，亲子时光快乐温暖

在维果茨基的理论体系里，有一个词语叫"鹰架"。这个词是由伍德及他的同事所介绍的，鹰架的意思就是一种支持孩子努力的系统，且非常敏感地融入孩子的需要。

当宝宝开始进入自主性形成的年龄阶段以后，作为养育者的父母必须搞明白哪些行为是服务于自主性发展需要的。对于一两岁的孩子，父母和孩子一起活动，父母作为孩子行动的鹰架者和孩子共同解决问题，可以营造出一种快乐温暖的互动关系。

1岁以后，大部分宝宝都会走路了，这是一件好事，宝宝的独立性增强了。可是，当父母想要休息的时候，中午或者晚上，他们却不停地在卧室或者客厅走来走去，面对这种情况，即使父母苦不堪言，也要忍着困意陪孩子玩儿。

怎么玩儿？来，宝宝，我们一起抢气球吧。妈妈和宝宝分站两边，妈妈扔气球，让宝宝去捡，捡完送到妈妈手里后再跑回去，这样的亲子游戏，不但满足了宝宝走的需要，通过捡球、运球的过程，促进了肌肉的发育，还发展了他的视听、视动、听动等感觉统合能力。

处于行走敏感期的孩子，不但在家里走，在外边也走，而且还搬着东西走。如果正赶上公园里某个地方维修，有一堆砖头码在一起，宝宝过去了，搬起一块砖头放到一个地方，然后回去再搬一块回来，如此往复，宝宝大有把整堆砖头搬过去的架势，这种情况下，大人该怎么做？

只要孩子身体上不吃力，就不要在意弄脏衣服了。当孩子搬过来以后，父母教孩子码一个特别的图案出来，井字形、长方形、正方形等都是不错的选择。这样，孩子就不仅是个“快乐的搬运工”，还是一个“设计师”，其间，动脑比较多，对认知的提升就很大。

当然，这个年龄段的孩子，不光要走，还要跑，偶尔还会跳几下，或者爬一会儿。不管他们是为了拿一个小玩具趴下来往沙发底下钻，还是为了拿高处的一个物品攀爬上去，如果没有危险因素存在，就让他们爬、就让他们攀。父母可以在家里设置一些供孩子攀爬的设施，让孩子可以在家里爬爬跳跳。在外边，多去一些拥有可供儿童攀爬的设施的场所，什么滑梯啊、城堡啊、跳跳床啊，让宝宝尽情地玩儿，变着花样地玩儿，和小朋友一起玩儿。

勇气：抱着，还是让他自己走

当宝宝会走以后，妈妈带他出去玩儿时，他忽然就不走了，张开胳膊说：“妈妈，抱。”此时，有的妈妈伸胳膊就抱起了宝宝。有的妈妈会对宝宝说：“你自己走吧，妈妈累了，抱不动。”当然，一次抱着或者让宝宝自己走，对宝宝的成长没有多大影响，毕竟宝宝也可能是累了或者想跟妈妈亲近，但是，多次之后，甚至养成了习惯，那么，宝宝一出门就让妈妈抱着，就需要分析一下了。

一两岁的宝宝正值行走的关键期，他们要在行走的过程中感受自己是一个自由而独立的个体，想去哪里就可以迈开双腿走过去的经验让他们感受到自己的力量，什么上坡、下坡、斜坡、平路、坑洼路等，他们需要在走过这些路以后才能对路、对自己走路有一个认识。当一个三四岁的孩子面对一段不好走的路时，很轻松地就走了过去，那么，这个孩子一定有较好的走路经验。如果他在路上见到一些石子就要停下来向人求助，那么，这个孩子可能在走路的敏感期阶段存在走路不够多的情况。

孩子的行为是他们心理的体现，也是心理品质的塑造过程，父母希望孩子成为什么样的人，就要在他们的行动中给予什么样的引领。关于走路这个行为，父母支持孩子多走路，走他们应该走的路，不但锻炼了他们的腿部肌肉，促进了身体平衡能力、协调能力的发展，还提高了孩子的感觉统合能力。宝宝在外界走路的过程中，他们通过视觉、触觉、本体觉等途径搜集环境信息在脑干汇总后，得出一个结论，根据这个结论做出能不能走或者要不要走的决定。

如果宝宝没有充分的走路经验，较多地让父母抱着，就失去了很多外部的感觉刺激信号在儿童的大脑神经系统进行有效组合的机会，从而使机体不能和谐地运作，久而久之可能会形成各种障碍，甚至影响身心健康。所以，越没有充分走路的孩子，走路这件事在他们心中就越有难度；相反，那些走路越多的孩子，走路能力越强，感觉统合能力也越强，认知水平越高，越有自信，越有勇气挑战自我。

父母都希望自己的孩子有力量、有自信，将来能够挑起生活的担子，那么，当父母带着孩子开始一段旅程的时候，就要鼓励孩子自己走，除非他们真的累了，父母才帮助他们。至于像小区遛弯、公园里散步、出去逛街、去早市这样的小段旅程，不但要让孩子走，还要多创造机会让孩子自己走。路走得多了，走路的能力就有了，面对一段旅程，才会有走下去的勇气，打下成为一个有勇气的人的基础。

顺利排泄：避免肛门期人格

对于一两岁的宝宝，虽然他们还没有建立起自主排便的能力，但是却可以开始对他们进行排便训练。

肛门期是弗洛伊德心理性欲发展的第二个阶段，时间大约是1～3岁。弗洛伊德认为，儿童获得满足和兴奋的身体部位在肛门，儿童通过大便的保留及排泄获得满足、得到快感，但是这种与排便有关的快感会与父母让儿童延迟排便、养成规律的要求相冲突，在这个过程中，需要父母妥善解决，帮助儿童学会控制自己的排便行为以适应社会的要求。

宝宝进入肛门期后，如何处理好排便行为是这个阶段的重要成长任务，完成得好，力比多不在这个阶段固着，人格就会获得良好的发展。

儿童实现顺利、自主、完美地完成排便需要一个过程，这个过程包括便在纸尿裤里、偶尔弄脏衣服、拉得到处都是、憋着不拉，到能够自主地利用坐便器排便。

培养孩子的排便能力是一个让宝宝从“想在哪里拉就在哪里拉，想什么时候拉就什么时候拉”发展到“做出跟文化、环境相契合的文明排便行为”的过程，对宝宝来讲，这并不是一件容易的事情，需要父母的支持和帮助。不管宝宝排便的速度是快还是慢，父母都要给予支持，不催促，更不烦躁，宝宝就较能享受这个过程；在宝宝学会了排便以后，由于自理能力不够，便到了衣服上或者马桶上，父母给予安慰后耐心引导宝宝提高动作水平。在这个过程中，儿童的肛门期欲望获得了满足，在接受大小便训练过程中学到了良好的人际交往方式，他们能够兼顾自己和父母的意愿排便，建立起了积极的排泄和不排泄的行为方式，就能顺利度过肛门期，人格正常发展。

相反，如果父母对儿童的排便行为过于放纵或者在训练宝宝习得排便能力的过程中过于严厉，儿童肛门区域的活动需要没有获得满足或者过度满足，可能导致力比多在肛门期固着，表现出相应的人格特质，比如，浪费、邋遢、吝啬、洁癖、强迫和固执等。肛门期人格个体的内心冲突比较多，集中在抓住或放弃、反抗或顺从、谁控制谁的问题。

在现实生活中，总有些父母不愿意靠近孩子的便便，孩子排便时躲得远远的，还关门、捂鼻子，只要家里有人，就不亲自弄，有时嘴里还喊：“臭，臭死了。”父母的这种态度很可能影响孩子的排便情绪，使得他们不好意思或者不愿意排便。“憋着”对于身体和心理都很不利，所以父母要以一种接纳和乐于帮助孩子的态度，对待孩子的排便行为。

宝宝的社会性发展与道德品质

关注宝宝“打人”行为的背后

有一段时间，一些孩子会打人。大人过来逗一逗：“宝宝，乖！”他伸手就给了一巴掌。妈妈陪宝宝玩儿，妈妈这里还是热情似火地摆弄着玩具，宝宝过来一巴掌就拍在了妈妈脸上。宝宝和小朋友在外边玩儿，玩儿着玩儿着，就动手打人了。

这么小的孩子怎么就动手打人了？妈妈几次三番教育：“不能动手拍小朋友，小朋友会疼的。”有时候，宝宝还是会拍别的小朋友。这是怎么回事呢？

宝宝大概从半岁开始，妈妈抱着他的时候，他会拍打着妈妈的脸玩儿。1岁左右，宝宝陆续出现了打的动作，有小朋友摸摸他的玩具，他会不管不顾，伸手就打。宝宝看到别的小朋友的玩具好，想玩儿，人家不给，也会伸手打人。和小朋友玩儿着玩儿着，宝宝会拍对方一下。

遇到这种情况，有的妈妈会很自责，觉得自己在教育上存在着很大的不足，才导致宝宝总是“打人”。

其实并不是这样。如果父母足够细心就会发现，宝宝拍打动作的出现是一个伴随精细动作发展的过程，手部动作从简单的拍打发展到能随心所欲地拿起目标物体，既是一个不断探索、触摸环境物品，提高认知的过程，也是一个表达自己喜好的过程。

所以，宝宝喜欢他人、想跟他人一起玩儿，可能会用拍打的动作来表达；宝宝不高兴了、不想被人打扰，也可能会用拍打的动作来拒绝；宝宝玩儿得高兴，特别开心了，可能去摸小伙伴的脸，动作拿捏不到位，就可能变成拍打了。等宝宝手部动作真正发展起来以后，他们的自我控制能力也很强了，就会用恰当的方式表达自己的情绪了。

成诚这两天又打人了。一次是在小公园玩儿，成诚跑着玩儿，一个小姑娘过来也想和他一起跑，小姑娘还没到，儿子回身就给了小姑娘一巴掌！后来玩沙子，成诚装了一小桶，小姑娘拿个铲子过来拍，成诚不愿意，又给了一巴掌。

在这两个案例中，从成诚的角度来看，打人是有原因的，不想跟小朋友一起玩儿、不想让小朋友动他的玩具，但是，他还不能完整地表达出来，于是就顺手拍过去了。

这种情况下，父母只需告诉宝宝："你不愿意的时候，可以跟小朋友说，不要动手拍。"多重复几次，宝宝也就懂得怎么做了。当然，还要做好对方的工作："成诚现在想自己玩儿，等一会儿，你俩再一起玩儿。"这样，过了一会儿，两个小朋友就又一起玩儿了。

宝宝大概从几个月的时候开始动手打人，到2岁，打人的次数就变得越来越少了。有一天，宝宝会"鄙视"其他小朋友的打人行为，他们会说："不许打人，打人不对。"

拍打不是暴力：亲社会行为和反社会行为

3岁前，有个时间段，宝宝频繁出现拍人、打人的情况，对象可能是父母等照顾者，也可能是一起玩儿的小朋友。这样的"打"的行为的发生频率，在2岁前后位于最高点，此前处于逐步上升阶段，此后处于逐步下降阶段。

宝宝对于手部功能的认识是从看手、吃手开始的，并在用手的过程中认识到了手的用处：能打人，抓住想要的东西，摸妈妈的脸，可以用手掌支撑住身体等。有了这样的认识之后，他们就会频繁使用手。

宝宝还没有开始说话的时候，他们常常用手势来表达自己的意愿。宝宝高兴了，会舞动手臂或者拍打妈妈；宝宝不高兴了，会拍打妈妈或者扔东西；宝宝想跟某个小朋友打招呼，也会做出拍打的动作。

1岁左右，宝宝手的功能分化有了突破性的发展，手以及胳膊的支配能力增强，但是他们控制小肌肉的水平不高，伸出手以后，所有的动作都被加重，拍、拉、摸等，都可能变成了打。一旦动作的接受者产生较大反应，对宝宝的行为又构成了强化。

所有被拍打的人，都会有疼痛感，这让人很不痛快。这种情况下，父母就要纠正宝宝的行为，纠正之前，要先了解宝宝的拍打语。

宝宝不具备表达能力，当他们想表达“友好”“欢迎”“亲昵”“排除”“不同意”“你冒犯了我”“生气”等感受时，就用打、挠、咬等很直接的行动来表达。宝宝这么做，跟道德无关，也不是暴力，只是一种表达方式。“我喜欢你，想拍拍你。”“你让我不开心了或者阻止了我的活动，我就要‘排除你’，我就用手打你或者用嘴巴咬你。”在这样的活动中，宝宝感受到了“我”和“你”不一样，我的动作能够影响你，是自我意识的体验，很直观地界定了自我。

在养育孩子的过程中，父母会鼓励亲社会行为，纠正宝宝的攻击性行为，即使宝宝拍打他人不暴力、不伤及道德发展，也要给予纠正。

儿童的社会行为主要表现为两种：第一，亲社会行为。主要有：同情他人、关爱同伴、彼此分享、互相合作、谦让他人、相互帮助、抚慰和帮助弱势群体、捐献爱心等。亲社会行为就是要做对他人有益的、符合社会道德标准的、被大多数人所接受或是赞同的事情。在这里，亲社会行为既包括不求任何回报自愿帮助他人的行为，也包括为了达到自己的目的和企图帮助别人的行为。只要是对别人有帮助的事情都可以称之为亲社会行为。第二，反社会行为。反社会行为与亲社会行为是相对的，指的是：“一些危害了别人或者社会利益的和不道德的行为。其中包括违反了法律规章制度的犯罪行为和虽然不违反法律但是却不遵守社会公德的行为。”

3岁前宝宝出现攻击性行为的常见原因是：首先，父母的遗传会使儿童的性格天生带有冲动和攻击行为的出现；其次，父母和家庭的教养也会使儿童产生类似的行为；最后，父母之间经常发生冲突等。

为了避免孩子形成习惯性“攻击”，当父母发现宝宝有了攻击倾向或者攻击行为的时候，要立即纠正，告诉宝宝正确的做法。比如，宝宝拍打他人的时候，即使宝宝是在跟人家打招呼，父母也要纠正，告诉宝宝：“跟小朋友打招呼，可以用招手、拉手的方式，还可以说‘你好！’用手拍打小朋友会让小朋友以为你在打他，他会疼，会不开心。”这样，及时纠正宝宝的每一个带有攻击性质的表现，宝宝就懂得了正确的做法。

夫妻之间也要避免发生攻击性言辞和攻击性行为。父母有话好好说，孩子也会有话好好说。

物权意识：我的玩具，不给他玩儿

宝宝并不是生来就懂得这个东西是我的、那个东西是你的，也不是从小就会分享。宝宝对物品所有权的分辨能力是随着他们的物权意识的发展而逐步发展起来的。

物权意识是对物品所有权的认识、评价以及所采用的处理方式。宝宝的物权意识是随着他们自我意识的发展而建立起来的，会有一个从自私到无私、从不交换到交换、从占有到分享的过程。

宝宝的物权意识最初的表现是占有，不分享。宝宝对自己的玩具的占有欲是正常的表现，不要因为宝宝不给别人玩儿而觉得不好意思，孩子的分享意识会随着时间自然改善。这个时候，父母要帮助宝宝巩固他们的物权意识。

当父母给宝宝买新玩具的时候，可以告诉宝宝：“这是妈妈送给你的，你要好好爱护！”给宝宝的玩具准备好专属的放置地——一个小柜子、几个小箱子，每天，领着宝宝一起把玩具放到专属的地方，有利于宝宝意识到这是自己的玩具。

当别人用宝宝的玩具或物品时，要先征求宝宝的意见，只有经过宝宝的允许才能使用。当宝宝很执拗，不愿意给别人玩儿的时候，父母一定不要强行拿走，这样等于告诉宝宝他拥有对自己玩具的处置权。如果大人强行把宝宝的玩具送给别人，等于在以实际行动告诉宝宝可以抢别人的玩具。这样带有误导性质的教育不具有使用价值。

要想把“谁的玩具谁做主”的意识植根于孩子心中，父母还要教会宝宝不能私拿别的小朋友的玩具，如果想玩儿，就问问小朋友：“我可以玩儿一会儿吗？”要经过对方的允许，才可以玩儿。

有的宝宝在家里比较娇惯，属于想要什么就得拿到手的类型，到了外边，认识不到这个玩具是别的小朋友的，拿不到手就使出撒手锏——大哭大喊。这种情况下怎么办呢？父母可以拉着宝宝的手，望着宝宝的眼睛，郑重地告诉宝宝："那是小朋友的玩具，他正在玩儿，所以，不能给你玩儿。我们马上回家去拿玩具。"然后，快速领着宝宝回家，或者带宝宝去别的地方玩儿。

随着宝宝不断长大，几个宝宝一起玩儿的时间越来越多，分享的需要也逐渐表现出来了。宝宝看着别人的玩具新鲜，就想玩儿，这很正常，并非无理行为。宝宝不肯让别人玩自己的玩具也很正常，这个时候，父母最好的引导方法就是让宝宝自主交换。

起初，宝宝可能不适应。那么，就邀请几个宝宝带着玩具来家里玩儿，玩儿了一段时间后，同处一室，在一起的感觉拉近了彼此的心理距离，在父母的引导下，就能交换着玩儿了。有了交换行为以后，就品尝到了交换的好处：可以玩更多的玩具，而且自己的玩具也不会少。这样，以后在外边，宝宝就能够交换了。

走出家门，就闹着不回家

现实生活中，有一种情况，那就是宝宝走出家门后，就不愿意回来。眼看到了用餐时间，妈妈已经是又累又饿，可宝宝就是不回家，怎么办呢？

强行把宝宝拽回去自然不妥当，违背宝宝的意愿，他们可能会又哭又闹，还会觉得大人不讲理。许下一个有诱惑力的愿望：带宝宝去超市买点儿吃的，然后再带宝宝回家，似乎也不妥当。那样的话，等于给宝宝逐渐养成了一个不良的行为习惯，以后每次出去玩儿都得去超市逛逛，买点儿花花绿绿的食品。

那怎么办呢？宝宝不玩儿够了不回去，但大人有事情要做啊！

1.提前做好准备

宝宝喜欢在外边玩，就让他玩够了。为什么这么说呢？

与家里相比，户外空气新鲜，视野开阔，活动空间大，宝宝活动范围广，玩的项目多，当然开心。当小伙伴比较多的时候，就更加玩儿不够了。

所以，妈妈要提前做好准备，带一些水、零食，以备宝宝饿了的时候补充能量。出门前，给宝宝穿上舒适、易于活动的衣服和鞋子，这样，宝宝玩儿起来更痛快。

至于妈妈自己的事情，也要做好打算，出门前就做好了，千万不要想玩儿一会儿就回来，回来再做。

2.父母要理解宝宝

3岁前，是宝宝身体、智力、社会交往能力等发展的关键期。宝宝与环境接触得越广泛，他们各项能力获得发展的可能性越高。因为3岁前宝宝属于直观行动思维。丰富的外界环境能够刺激他们的感觉知觉系统，使他们参与到各种活动中去，活动与思维相互促进，从而促进各个脑区的发育。

大约在2个月大时，婴儿能够向对他微笑的人微笑。这种社会性的表情是婴儿在与父母互动中习得的。父母是孩子情绪表达的社会参照。在与外界接触的过程中，还会有更多的社会参照成为孩子情绪情感发展的模板。孩子在与人玩耍的过程中慢慢发展出如何与他人相处，怎么照顾他人的情绪才能不被别人排斥，什么样的行为最被人喜欢等。

3.妈妈要更警觉一些

宝宝的时间观念、自我认识能力有限，所以，他们不知道什么时候该回家，父母要警觉一些。即使宝宝玩兴很浓，当发现宝宝困了、累了的时候，就可以抱着宝宝回家了。对于较大的宝宝，为了避免他们反抗，父母可以耐心地做工作："太阳公公太厉害了，在催促小朋友快点儿回家呢，我们赶紧回家吧。""你的肚子咕咕叫，在要好吃的呢，我们回家去吃吧！"

小朋友们一起玩儿，有要回家的，就顺势领着宝宝一边玩儿一边回家，宝宝接受起来也比较容易。

宝宝的游戏与亲子阅读

婴儿游戏的特点

宝宝在3岁前，主要的任务就是成长，长身体、长智力、长社会交往能力等，与生俱来的游戏天性以及身、心、智都参与进去的特性，决定了在3岁前游戏是满足宝宝成长需要的主要形式。

1.从亲子协同到独立活动

刚出生的宝宝吃、喝、拉、撒、睡都要别人照顾才能完成，因为他们的手部、四肢的肌肉没有发育好，还没有力量，头脑里没有经验，不知道怎么吃饭、穿衣，也只能躺着玩儿，吐舌头、目光追随新奇的物品、被动地拉妈妈的手、冲妈妈笑一笑等，这些都是简单的反射性动作。

一天天长大以后，宝宝逐渐能够抬头、翻身、坐、爬、站、行走，手部肌肉有了力量，锻炼运动本领、把玩到手的物品和玩具是这个阶段游戏的核心内容。

他们已经会表达内心的意愿，内心充满了更多的好奇，随着行动能力的增强，宝宝会爬会走以后，他们已经不再满足于静静地坐着玩儿，而是要移动着玩儿、到视野达到的更远的地方去玩儿。所以，他们探索的欲望更强烈，游戏带有明显的探索意图。

但是，2岁前，游戏的主要形式仍然是动作和玩物，成人在游戏中扮演着重要的角色。儿童仍然需要成人和他共同游戏、提供儿童需要的玩具、增加一些创意，来促进儿童游戏的完美开展。

2.符合认知特点：从动作、玩物到角色扮演

0～2岁，宝宝处于感知运动阶段，这个阶段儿童的智力只限于感知运动，儿

童主要是通过感知运动的方式与外界发生相互作用。智力的进步主要体现在从反射行为向信号功能的过渡。

在婴儿的动作和玩物游戏阶段，根据婴儿对物体的摆弄和操作方式把游戏分为前象征性游戏和象征性游戏，这两个阶段充分反映了婴儿身体和动作能力的发展，也反映了婴儿认知能力的进步和发展。

按照皮亚杰的理论，婴儿从2个月开始，就进入了循环反应，1岁以后，进入三级循环反应阶段，婴儿为了产生有趣的效果而有意改变自已的行为，他们会积极地寻找与物体交互的新方式，并探索物体的潜在用途。

刚出生的婴儿，他们只会吮吸、头部转向有声音的地方、手指被接触后就会攥住接触物，这些都是先天的反射行为。从第2个月开始，婴儿才能够抓握物体，比如，抓妈妈的肩膀、被子等，但是时间很短。逐渐地，1岁以后，婴儿发展到能够找出物体之间的关系、根据过去已有的经验对物体进行重组，大概1岁半，儿童基本进入了象征性游戏阶段。两三岁以后，就出现了以改变物体名称为特征的真正的以物待物，角色扮演成为幼儿游戏的目的。

儿童象征性游戏的出现则标志着以对符号的理解和运用为特征的表征功能的出现。

如何挑选合适的玩具

玩具是宝宝的小伙伴，也是父母向宝宝表达爱的重要方式。如何将满心爱意通过玩具传递给宝宝呢？除了投宝宝所好外，还要买最能够促进宝宝成长的玩具，要让玩具契合宝宝的年龄特点。

不同年龄段宝宝的发育水平不同、成长任务不同，早教内容有区别，所选玩具自然也不同。

1.父母要大致了解玩具的早教价值

游戏是宝宝的生命，玩具是游戏的工具或者内容。宝宝玩耍，离不开玩具。同游戏一样，玩具对宝宝成长的作用是促进宝宝成长、让宝宝开心、促进宝宝与人交往等。

2.选择适合宝宝年龄阶段特点的玩具

宝宝一出生，他们的学习生活就开始了，他们在不断地动手动脚动身体的过程中思考，认识世界、塑造大脑。宝宝的身体机能是在不断的唤醒中发展起来的，从头部到脚部，从大动作到精细动作，父母在为宝宝选择玩具的时候，要考虑到宝宝处于身体发展的哪个关键期。

小宝宝出生以后，是视觉、味觉等发展的敏感期，他们遵循着这个原则，为最小的宝宝买玩具，要考虑到玩具的色彩，要具备宝宝可以咬的功能，而且质量要达标，保证不会被咬断，触碰过后可以发出声音，吸引宝宝的关注。宝宝3个月前，基本就是考虑以上因素了。

3个月以后，选择玩具的内容就要变了。宝宝喜欢抱着娃娃或者毛绒玩具玩儿，对他们来讲，这些玩具都是有生命的个体，和玩具玩耍是宝宝社会性发展的需要。虽然宝宝的社会性从一出生就开始了，但是，他们还没有掌握成人世界的规则，需要玩具作为中介，以游戏方式模仿成人的动作和行为，在想象中演练周围世界的交往规则，从而习得交往技能。

3.养成看玩具说明的习惯

商场里的玩具都标明了益智因素、玩法、适宜玩耍的年龄阶段、玩耍时的注意事项等，父母去购买的时候，要仔细看清楚，然后结合自家宝宝当时的发育情况耐心思考，做出恰当的选择。

4.买什么，提前做功课

当父母带孩子去选择玩具的时候，孩子一眼看上什么，就会要什么。很多时候，宝宝要买的，可能是家里有的或者不适合他们这个年龄玩儿的，或者带有不安全因素的，为了避免买回不合适的玩具，父母最好自己去买，这样可以精心挑选。

如果宝宝在外边玩儿，一眼看到了某个玩具就要买，如果真的不适合孩子的年龄特点或者家里已经有了，那么父母就不能妥协，给出理由后，坚决不买，把宝宝带离购物的地方。

具有安慰能力的玩伴：依恋物

一些宝宝会对某些物品情有独钟，这些物品可能是宝宝的小被子、毛茸茸的小猴子、软软的小娃娃，他们在睡觉前或者累了的时候，会把这些玩具抱在怀里，嘴里念念有词。去了外地，如果不带上它们，宝宝会想念。有人把这些能够给宝宝带来安慰的物品，叫作依恋物。这些依恋物通常是软软的，触感近似于跟妈妈的身体接触。

宝宝和这些依恋物有着深厚的感情，这份情感是怎么建立起来的呢？

宝宝出生后，要和妈妈建立情感联结以获得内在的安全感，然后在此基础上，建立起对照顾者以及这个世界的爱和信任。宝宝会通过对身边人的依恋来表达自己内心的安全感。这个身边人除了照顾他的父母以及亲人，还包括宝宝最早接触、比较喜欢的柔软的依恋物。

如果宝宝与他最依恋的人（主要是妈妈）分开了，就会把某些物品作为妈妈的象征或者替代品，把原本对亲人的依恋转移到对物品的依恋上。从一定程度上来讲，孩子是否拥有安全感、情感需要是否获得满足决定着宝宝的恋物情结的严重程度。比如，早早就和父母分离的宝宝，他们的依恋情结更严重，此时，父母要多陪陪宝宝，满足他们的情感需要，以免影响宝宝的人格发展。

但是，即使宝宝的依恋关系建立得好，和照顾者（主要是妈妈）建立了安全型依恋关系，拥有了亲密的情感联结，宝宝也会依恋某个物品。

当宝宝想妈妈的时候，情感联结断开，依恋物就是很好的替代品，满足了宝宝情感上的需要，让他们放松了心情，稳定了情绪，可以正常玩耍了。从这一点上来讲，这些被依恋的物品是宝宝心理安全感的依靠，会让宝宝不再孤单，对宝宝的成长有积极的意义，到了一定的年龄会自然消失，妈妈不用恐慌。只要宝宝不是每时每刻都把依恋物抱在怀里，只是睡前或者早晨醒来，白天偶尔地抱一抱、亲一亲，那么，就不必担心。

当宝宝特别钟情于某个物品的时候，妈妈不要过于担心，这是宝宝从完全依恋转为完全独立的过渡期所产生的行为，跟成年人的恋物癖性质不一样。

到了两三岁，如果睡前妈妈给宝宝讲故事，陪伴宝宝入睡，即使宝宝把依恋物放在枕边，他们也不会持续关注，因为妈妈的吸引力远远大于依恋物。

大声朗读要趁早

对于1岁前的宝宝，父母关注最多的就是他们的物质需要，也就是如何让他们吃饱了、穿得合适了、不生病等。至于读书，很多父母会觉得那是特别遥远的事情，虽然他们是那么期待孩子将来能够学业有成。

其实，从宝宝小的时候，父母就可以给他们朗读了。朗读不但能够促进亲子关系，增进亲子交流，还会影响到孩子的读写能力。

1.朗读有利于亲子关系的提升

朗读给家长提供了一次与孩子建立亲密关系的机会，并能够促进亲子间的交流。当父母给孩子朗读的时候，孩子会安静地靠在大人身边，听妈妈读，不哭，不闹。

宝宝小的时候，可以和孩子一起读绘本，采用叙述型方式。叙述型方式朗读会集中描述图画里发生的事情，然后让孩子复述。当然，孩子的年龄不同，表达能力不同，复述的方式可以灵活一些。对于小宝宝，可以在宝宝听了多遍以后，根据听的效果，提一些小问题，让孩子来回答。不管孩子怎么回答，是否跟故事里的一致，只要回答了，就是成果。如果父母要纠正，可以给出两个选项，一个正确的，一个不正确的，让孩子选择。

鼓励和肯定能给孩子带来满足感，使他们更喜欢听妈妈读书。

2.朗读有利于孩子读写能力的发展

父母或抚养者对孩子朗读的频率及方式影响着孩子读写能力的发展。研究表明，在1～3岁经常听父母朗读的孩子，如果朗读方法得当，他们在2岁半、4岁半、5岁半时会有更加熟练的语言技巧，7岁的时候，会有更好的语言理解能力。

对于不断长大的孩子，父母除了采用叙述型朗读方式外，还可以采用理解型、成就取向型朗读方式。

理解型朗读会鼓励孩子去深入理解故事的意思，并做出推断和预测。当父母给孩子提出问题，让孩子去推断或者预测的时候，一定要根据孩子的年龄来设定问题，保证孩子能够听懂。

成就取向型朗读的家长会直接把故事读完，复述故事的脉络大纲，然后向孩子提出问题。这种方式更适合于那些掌握了大量词汇的儿童。当然，对于一两岁的孩子，只要父母选择的故事适合这个年龄段，操作起来会比较容易。

第3章

2～3岁儿童心理发展与科学教养

这个年龄段的宝宝已经能够通过表象、言语以及其他的符号形式来表征内心和外部世界。但是，思维形式是直觉性的，而非逻辑性的。逐步建立起来的自我意识使他们有了长大感，思维的自我中心性决定了他们认知的不客观性，加之有了一定的自主能力，面对外界的管教，他们会有很强的逆反情绪。这一年，亲子之间频繁“交战”，父母需要懂得孩子的身心发展特点，找到更合适的教养方法，才不会心力交瘁。

宝宝的身体与动作发展

身体与动作发展

2岁以后，宝宝身体各部分的协调能力大大提升，已经掌握了大部分的大动作，比如，跑、跳、登高、随着音乐舞蹈、踢球、扔球、拿勺子吃饭、滑滑板车、骑自行车、拿着笔到处涂画、串珠子等。所以，他们的行动力又提高了很多，他们走路越发平稳了，而且他们拥有了较强的跨越障碍物的能力。2岁前，当他们面对一个水洼的时候，除了见到水兴奋得手舞足蹈外，只能转来转去地观察，想跨越过去，要借助父母的力量。两三岁的宝宝就不一样了，他们会勇敢地踏过去，即使有的宝宝跨越能力不强踩到了水里，也表明他们心中认为自己是具备跨越能力的。

这个年龄段的宝宝，不但走得稳，跑起来也是飞快，喜欢够高处的东西。走在路上，他们能跳起来去够马路边垂柳的叶子。妈妈把气球打向高处，他们能够仰着脖子接住，然后再拍过来。

对于运动能力获得了空前提升的宝宝来讲，当他们看到滑板车、小推车、有人拍皮球、骑自行车等的时候，他们就有了兴致，就想玩儿。这个时候，大人要支持宝宝发展玩耍技能，为宝宝选购适合的运动器材。

虽然2岁以后，宝宝进入了学习技能的时期，但是即使很简单的踢球动作，刚开始也会出现抬脚踢不到球的现象。对于3岁前的宝宝来讲，运动能力受神经系统发育、动作水平的限制，常常会出错。

看到身边好多小朋友玩儿得特别棒，当结果出乎意料、跟期待不符合的时候，宝宝难免会出现情绪波动。面对这样的宝宝，父母要淡定，要明白宝宝要做到把球踢出去、踢到目的地，需要不断地练习。

父母可以告诉宝宝："别的小朋友玩儿得好，是因为他们已经玩儿了很长时间，熟悉了。宝宝多练练，也能玩儿得那么好。”如果一次引导不能消除孩子的心理压力，也不能训斥孩子，父母可以根据情况多引导几次，并适时地鼓励孩子的进步：“看看，这次踢球，就踢得很远啊！直接踢到了小朋友面前。”

还有一种情况父母要考虑到，比如，身边的同龄宝宝都会骑自行车了，自己的宝宝却没有表现出想骑的欲望，于是，父母为了督促宝宝早日学会，就买回了自行车。有时间了就带宝宝去广场上骑，可是，费了好大的力气，宝宝就是学不会，而且哭哭啼啼，一副不想学的样子。这种情况怎么办？最好先放弃。

有的妈妈觉得，在没有学会的情况下就放弃，会带给宝宝一种挫败感，影响宝宝的自信。妈妈只需告诉宝宝：“你还没有到骑自行车的时候，再等等吧，过一段时间，你就能学会了。现在，先玩滑板车吧。”

特别热衷于玩水、玩雪

细心的妈妈会发现，虽然大部分宝宝从小就喜欢玩水、抓雪，但是到了两三岁以后，玩水、玩雪对于成长的意义已经远远超越了认识、了解水和雪，而是进阶到通过已经掌握的对水和雪的认识去发明新的玩法。

比如，过去宝宝玩雪，就是用手抓一把，然后撒开，或者让妈妈攥个雪球，他扔向远方。现在，宝宝要拿着小铲子、小桶，用小桶装雪来堆雪人。宝宝还会把雪装进玩具卡车里，自己当“司机”，然后把雪运到另一个地方。

两三岁的宝宝行动能力提高了，他们对外界的认知水平也大大提升，能够在已有经验的基础上对环境进行进一步的认识和探索。这个时候，他们的行动变得更丰富，有了更多的尝试，做起事情来有时不顾行为的后果，可能会给父母带来麻烦。

比如，妈妈带宝宝在小区里玩儿，远远地看到水，宝宝就跑过去，“啪啪啪”踩踏起来，此时，他脚上新穿的白色运动鞋会怎么样呢？妈妈大喊：“别踩了，新穿的鞋啊，又弄脏了。”宝宝哪里顾得上这个，他依旧我行我素，看着水花在脚下飞溅而哈哈大笑。

玩水、玩雪或者玩沙都是孩子的天性。在孩子眼里，这些物品因为其特别的手感、容易操作、操作后就有其他形式的结果出现等因素而被孩子喜欢，即使是大人，在夏天去海边游泳、戏水也会兴致勃发，在冬天一出门看到漫天的雪花也会忍不住抓一把雪攥个雪球抛向远方，更何况是孩子呢。

某一天，当千呼万唤的大雪终于普降人间的时候，孩子们都在雪地里奔跑、玩雪，而你的宝宝却对此视而不见，看到一棵树后却要找锯子砍树，那么，你一定要反省自己的教育：是不是孩子与自然接触得太少了，已经失去了和大自然这个奇妙的玩具玩耍的能力？还是孩子电视看多了，满脑子的电视情节，已经不会欣赏大自然的美景了？

孩子对大自然的热爱是与生俱来的，从孩子带着满心的好奇投进大自然怀抱的那一刻起，父母就以接纳、支持的态度让他们与自然亲密接触，只要不涉及安全问题，想怎么玩儿就怎么玩儿，逐渐地，在孩子心中就会建立起一种认识：大自然是最亲密的朋友。这样，当他们面对自然环境中的一切的时候，包括雪、水、沙等，就能无所顾忌，满心欢喜地行动起来，实现心中的梦想。

两三岁孩子的梦想是什么？可能是把水捧在水心里，让水从指缝流出去；可能是把水泼洒在泥土里，弄些泥巴玩儿；可能是跑进水里，用力地踩踩踩，以看到水花飞溅；可能是把雪带回家里，放到茶几上，自己看着玩儿；可能是攥个雪球，放在手心里，拿着玩儿；可能是不停地铲雪、铲雪……不管是什么，当他们行动起来了，玩儿起来了，都能锻炼身体大肌肉和小肌肉，提升运动技能。

热爱拼搭类游戏

这个年龄段的宝宝对拼搭类玩具已经很上手了，有的宝宝已经玩儿得非常纯熟了。两三岁的宝宝非常喜欢拼搭类玩具，不用大人带领，他们自己就能玩儿起来，拼个房子、拼个汽车、搭一座桥等。

拼搭类玩具有各种材质的插件、积木等，种类非常多，家长可以根据拼搭性质的不同给孩子多选择几款。只是在购买的时候，要看好说明书，以适合这个年龄段为宜，当然年龄跨度较大的也可以。

这类玩具对宝宝的成长很有好处。

两三岁的孩子虽然手部肌肉有了很大程度的发展，但是，小肌肉的灵活性、力量性还需要发展，宝宝在玩拼搭类玩具的过程中，锻炼了手部肌肉，同时促进了手眼协调能力的发展。

两三岁的宝宝开始有了思维，他们会调动自己头脑里关于形象的记忆，用积木或者拼搭材料表达出来，搭建出作品的过程就是用行动表达思维的过程。

举个例子，一个第一次玩积木的孩子，当他要拼搭一个房子的时候，房子倒塌的概率会很高。当他反复玩儿，多次拼搭后，他拼搭出的作品不仅变得越来越形象生动，而且越来越坚固，不容易倒塌。

成功的快乐是一种巨大的鼓舞力量，当孩子不断地克服“倒塌”的困难，感受拼搭出作品的快乐，成功的感觉油然而生后，他们就会认识到自己的能力在不断的努力中获得了提升，自信心大增，就敢于挑战更加复杂的任务。宝宝做的任务越多、难度越大，思维也就越广泛，对大脑神经网络的刺激越强烈，更能促进大脑的发育。

所以，宝宝玩拼搭类的游戏，不仅促进了手部精细动作的发展，而且有利于促进智力发育，提升孩子的自信心。

当然，在拼搭的过程中，如果遇到困难，难以完成期待中的任务，宝宝可能会出现急躁、推倒现有成果的情况。这个时候，父母要耐心引导，帮助孩子看清失败的原因，架构出新的解决方案，使其豁然开朗。父母要记得，父母的任务不仅是领着孩子走出失败，完美地完成作品，还要帮助他们鹰架出新的能力。

可以不疾不徐地开始穿衣训练了

即使最简单、好穿的小内裤，如果父母不教宝宝怎么穿、不给机会让宝宝自己穿，宝宝也只能伸着腿，像木偶一样任凭父母往上套。在家里，有父母或者阿姨等人照顾，宝宝不会穿，大人就帮忙穿上，对宝宝来讲，不受委屈。

可是，父母穿还是宝宝自己穿，对宝宝的成长来讲，效果却大不一样。

1.对于智力方面的影响

宝宝要穿上一件衣服，整个动作过程相当于开启了多个神经通路，大脑要对来自各个感知觉通道的内容进行统合，形成可以执行的命令，这个过程进一步锻炼和发展了宝宝肌肉的控制能力、灵活性，大脑既巩固和整合了旧有认知，也形成和发展了新的认知，促进了大脑发育。

2.对于自我认知的影响

宝宝能够成功做好一些事情，他们会觉得自己很有能力，比较有自信。这样，不管是探索着玩儿，还是具体做一些事情，才不会觉得自己不行，而是勇于去做。

3.对于顺利入园的影响

有的宝宝由于自理能力比较差，进入幼儿园后不能自己穿、脱衣服，而幼儿园要培养宝宝的自理能力，宝宝完成不了，就有畏难情绪，不愿意去幼儿园。

所以，为了让宝宝顺利成长，父母要培养宝宝的穿衣能力。在培养宝宝穿衣能力上，以下几个内容很关键。

1.从好穿的开始

什么好穿呢？裤子、袜子、鞋子、背心，这几样比较好穿，可以从穿这些衣服开始练习。最好是从春夏季节开始，因为宝宝穿的衣服少，也比较好穿。妈妈要给宝宝准备较宽大的衣服，宽宽大大的衣服，不但穿着舒服，也比较好穿。这样，宝宝可以不断地体验到成功，就不会觉得穿衣是一件很麻烦、很难的事情。

2.妈妈要沉得住气

小孩子性子比较急，做不好事情就会哭闹。此时，宝宝的动手能力还不够强，当他们无法把一双袜子穿到脚上的时候，可能会哭泣。这个时候，其实大人也很着急，但是，一定要控制，不要发火，更不要回应宝宝的哭闹，而是要帮助宝宝快速穿上。

然后，就可以鼓励宝宝了："宝宝把衣服穿上了。"然后重复一遍："先把袜子这样撑开，然后再把小脚丫伸进去，慢慢地，拽过来，就好了啊。"

3.让宝宝多体验成功感

这个成功的感觉，可以来自一件简单的衣服。比如，宝宝自己穿上了一件背心或者一双袜子，也可以来自最初或者最后的一个动作。比如，妈妈让宝宝把袜子套上，然后帮宝宝拽整齐。再如，妈妈给宝宝穿上裤腿，然后，让宝宝自己站起来，把裤腰拽整齐。

4.寻找时机，不断练习

宝宝会穿以后，更要让宝宝多加练习。这个练习，可以是自己穿，也可以让宝宝给玩具娃娃穿。宝宝不断地练习，有利于提升他们动作的熟练度，尽快内化成自己的动作。

宝宝的大脑发育与智力水平

宝宝的智力发育达标吗

宝宝出生以后，智力发育情况一定是父母特别关心的事情。在社区服务中心或者卫生防疫站，宝宝的定期体检项目里会有智力筛查。

关于智力筛查的必要性，父母一定要懂。因为3岁前是宝宝智力发育的黄金期，也是可塑性最强的时期，如果宝宝智力发育有问题，在这个时间段内发现后，能够及时查找原因，抓住最佳的干预机会，促进宝宝正常发育。

脑科学研究发现，在生命早期，大脑发育迅速，从出生到2岁，宝宝脑重从成人脑重的25%增加到75%，2～3岁又迎来一个神经突触发育的高峰期。2岁左右，突触数量达到了成人水平；3岁左右，突触数量相当于成人的3倍，足以说明这个阶段大脑很活跃，可塑性强，如果能接受足够的刺激，发育会很迅速。

父母要多多关注宝宝的智力表现，带着宝宝及时筛查，万一宝宝存在发育或智力异常的情况，及早干预，有利于宝宝正常发育。特别是那些出生时有情况的宝宝，如早产、窒息、生病等，父母更要多加关注，以便于通过宝宝的动作、行为能力作一个初步的判断。

关注什么呢?

交往能力、适应性、语言、大运动等，体现了宝宝的智力发育情况。关注宝宝的交往能力，看他们是否与大人有眼神交流，是不是喜欢微笑；关注宝宝的适应性，可以通过观察精细动作来判断宝宝，比如，1个月的时候，宝宝手部有了抓握东西的意识，到了2个月的时候，宝宝抓到的物品能够在手里停留一会儿，4个月左右的时候，宝宝能够攥住小玩具并摇晃；观察宝宝的语言，看看其是否具备一般语言发育能力。

社区医院的智力筛查也是以上几项，目的是发现6岁前宝宝的智力问题。但是，父母一定要记得，智力筛查主要是通过较为简单的测查手段，初步了解和判断宝宝在智能发育方面的状况。智力筛查的目的在于筛查，不是测量智商，也不是诊断。即使筛查结果不正常，也并不代表宝宝的智力或发育异常，有的宝宝可能属于发育上暂时性迟缓，所以，要带上保健医生开的转诊证明，去医院做更进一步的更专业的智能发育诊断性检查。

虽然绝大部分宝宝都是正常儿童，但是父母仍然有必要了解关于智力发育的相关知识，以便及早发现宝宝的发育迟缓问题或者发育异常问题，早发现、早干预，宝宝才能正常发展。

有的妈妈觉得自己不是专业人员，怎么能够看得出来呢？现在，很多育儿书籍上都有关于宝宝智力发育情况的详细描述，学习一下，就大致可以初步判断宝宝是否发育正常，还能掌握一些促进宝宝智力发育的方法，一举两得。

星期天，妈妈要带晶晶去姥姥家吃牛肉，晶晶特别喜欢吃牛肉，所以，每周姥姥都会炖好牛肉等她们。可是，这次晶晶却说："我不想吃牛肉，我想去儿童汇玩儿。"不管妈妈怎么解释，她就是不去姥姥家，还跟妈妈说："我吃牛肉会肚子疼的，上次肚子疼不就是因为吃了牛肉吗？"妈妈拗不过女儿，就先带她去儿童汇玩儿了两个小时，然后才去姥姥家。结果，比平时，她一块牛肉都没少吃！妈妈叹气，这么小的孩子会撒谎了啊！

揭开两三岁宝宝"谎言"的秘密

那么，宝宝这么说算撒谎吗？一定不是的，父母要注意分清。即使孩子说的话不准确、不是事实，也要把"撒谎"这两个字加上引号。这是因为这个年龄段的宝宝真的不知道自己在撒谎，更不明白撒谎是不应该的、不道德的行为。

对于类似上述谎言，父母不能指责孩子骗人、不诚实，一旦给孩子贴上这样的标签，他们可能会认为自己是不诚实的孩子，对其今后的行为发展造成不良影响。

"撒谎"作为两三岁孩子一种特别的行为表现，它是否有利于成长，需要父母搞懂孩子背后的心理特点，才能给予恰当的引导。

1.宝宝分不清想象和事实

两三岁的孩子还不能很好地区分想象和现实，当一个现实问题出现的时候，他们想象是什么结果就是什么结果，而且会把想象、期待的结果当成现实。

面对孩子如此的“谎言”，父母无须纠正，因为总有一天，他们的现实世界足够丰富，就能自己纠正过来。

想象型谎言在宝宝的想象中诞生，如果父母给予积极回应，能促进宝宝发挥想象力。因为想象是对头脑中的表象进行加工、改造后形成的新形象，孩子不断地进行想象，就能丰富大脑表象，有利于提高孩子的思维能力。

2.宝宝自我意识很强

两三岁的宝宝已经有了自我意识，独立性很强，而他们在这个阶段又以自我为中心，所以，他们不会考虑别人的感受，只要自己满意就可以。为了把小伙伴的玩具据为己有，他们会把别人的东西说成是自己的；为了不被惩罚，他们会把自己做的错事说成是爸爸或者妈妈做的。

遇到类似情况，父母不要斥责、打骂宝宝。两三岁的宝宝处于物权意识建立的关键期，妈妈告诉他：“你喜欢小伙伴的这个玩具，可以拿自己的玩具跟小伙伴换着玩儿啊。”“你已经玩儿了很久，还给小伙伴吧。”

宝宝做了错事，不敢承认或者说是别人做的，这个时候，父母不要揭穿宝宝，可以跟宝宝说：“垃圾桶倒了，扶起来就可以了。”“满地都是豆角，我们一起捡起来，然后洗洗吧。”妈妈这么做，让宝宝认识到，知错就改就好，没什么大不了的，以后一旦犯错，他就不会因为担心被惩罚而撒谎了。

那么多的“为什么”：因果关系的推断

几个快3岁的孩子一起上乐高体验课，每个人搭建一个小火车，在搭建的过程中，当孩子摆放的哪一块材料跟整体结构不符合的时候，老师给予纠正，告诉他们具体怎么摆放，孩子会问：“为什么要摆放在这里呢？”“为什么不让我那样摆呢？”

孩子为什么要问“为什么”呢？当然是想知道原因了。孩子问“为什么”的过程就是一个因果推理的过程。他们自己推导不出结论，所以才会问大人。

此时，大人最好的教育方法是耐心地回答孩子的问题，启发、引导孩子寻找答案。

两三岁以后，孩子就进入了问题的爆发期，一张嘴就是“为什么”，这往往说明孩子已经开始进行因果推理，要不断地寻找事情的结果。任何外显的行为都是特有的心理的体现，孩子不断地问为什么，既是他们的思维从感知运动阶段进入具体运算阶段的跨越性表现，也是他们渴望获取经验的成长需要，在这个过程中，宝宝潜移默化地理解了因果关系。宝宝对因果关系理解得越透彻，他们就越能够应用这种关系去分类、判断、推理，从而解决问题。

面对这样的孩子，父母怎么做才能满足他们的需要，促进他们的成长呢？

1.丰富孩子的大脑表象

对于这个年龄段的宝宝来讲，头脑中的表象是他们思维的原材料。他们见得越多，头脑里储存的表象越丰富，思维的范围就越广博。

人脑容易被新奇事物所吸引，宝宝出生后，他们倾向于对进入他们周围环境的新元素做出更强烈的反应。比如，一个在房间里待了一天的宝宝，如果父母带他出去，到了外边，宝宝都有点儿看不过来了，他们两眼放光，看到什么都新奇，都要伸手够一够。宝宝会走能跑以后，他们自己就会要求去外边，如果父母比较忙或者不愿意出去，他们就会以哭闹的方式争取出去的机会，到了外边，会非常开心。父母带孩子进入新的环境，体验新的活动，可以使孩子的思维去习惯化，从而产生新的思维路径。

2.鼓励宝宝提问

大脑越用越灵活，因为思维的路径就是在不断思考的过程中建立和优化起来的。父母鼓励宝宝提问重点可以放在回答宝宝的问题和启发宝宝去思考两个方面。

宝宝有问题进行提问，大人给予科学的解释和回答，他们接受了，接下来就会思考其他问题。答案本身就是一种鼓励。如果父母说“这个问题提得很好”，对宝宝的鼓励作用就更强了。顺着宝宝的问题，再扩展出一个问题来，就进一步促进了思维发展，无论宝宝回答得怎么样，父母愿意跟他们讨论问题，对宝宝就是一份最温馨的鼓励。

当然，和宝宝在一起的每时每刻，如旅途中、日常遛弯时、逛公园时、购物时、读书时等，父母都可以提出问题启发宝宝去思考，宝宝会非常喜欢。

3岁前的记忆到哪里去了

大部分人都不记得3岁以前的事情了，即使是发生在3岁以后的事情，成人能够回忆起来的部分也很少了。于是，很多人的脑子里就有了一个大大的问号，难道3岁前的人没有记忆力吗？

心理学研究显示，2.5～3岁的孩子能记住发生在很多个月以前的事情，有的孩子还能记住发生在生命第一年的事情。那么，为什么长大以后却忘记了呢？

心理学家是这样解释的。

一种解释认为，大脑额叶，尤其是前额叶皮层发育比较落后，不能支持要求用外显言语进行描述的记忆。另一种解释认为成人的参与帮助了幼儿将信息保持到儿童后期和成人期，但是，向2岁的孩子叙述过去的事情，似乎不能产生长久的言语化记忆。第三种解释是婴儿编码信息的方式与年长和成人提取信息的方式之间不匹配。这三种解释看似从不同的角度来阐述生理成熟、倾听、叙述，但不是互相排斥而是互相支持的。

当在孩子身上发生了一件特别有意义的事情时，父母特别想让这件事情在宝宝的成长过程中起到积极的作用，那么，就多给宝宝讲述这件事情，帮助他们记忆。事情发生后，最近的时间里，趁着孩子还没有忘记，给孩子描述一下。“宝宝，我们星期日去哪里了？”“我们玩儿得特别开心，宝宝表现得特别懂事。”采用这样的方法能有效唤起宝宝的记忆，不管他们能记住多少，父母所要做的就是清楚地讲述事情的经过，其间宝宝的回应或者小段地接着叙述很利于他们的记忆。过去一段时间后，还要描述一次。

当然，父母的描述可以是随性的，不一定拘泥于坐在家里，可以是故地重游的时候，也可以是发生了类似情境的时候，不要担心宝宝没兴趣，其实，他们特别喜欢听自己小时候的事情。特别是和妈妈在一起的时候，妈妈给他们讲述小时候的事情，会让他们感觉很温暖，妈妈很爱自己。

3岁以后，父母多跟孩子讲述一些事情，包括发生在孩子身上的或者一些宝宝看过的经典的童话、绘本故事，一起尝试、复述一下，这样既促进了孩子的理解、记忆和掌握，同时也增进了亲子关系。

有的父母看到别人家的孩子语言表达流利、叙事清楚、主题分明很是羡慕，其实，自家孩子与人家孩子相比，缺的就是练习，父母多跟孩子讲述、阅读、表达，孩子掌握的词汇丰富、材料丰富，表达能力当然就强了。

2岁了，只会说几个字：语言发育落后

宝宝2岁了，每次说话，都只是说几个字，“吃饭”“不去”“你走，好了”“黄色，我的”等，而且所掌握的词汇很贫乏，不到非说不可的地步，他很少说话。

那么，这种情况算不算语言发育落后呢?

宝宝从2岁开始，语言发展又进入了一个崭新的阶段，即简单句及语法掌握的时期。有研究显示，2岁孩子说出来的已经有很多完整句了，3岁孩子说出的基本是完整句。在和宝宝交流的过程中可以感受到，他们开始将那些句法不完整、不连贯的句子逐渐扩展成包括主语、谓语和宾语的完整句。

两三岁的宝宝处于词汇爆发期，词汇数量几乎是成倍增长。过度窄化和过度泛化的现象将会逐渐消失。所以，如果孩子在语言表达上呈现语言贫乏、句子不完整、表达不清楚的情况，的确需要重视。

一项纵向研究发现，31名在2岁的时候被鉴定为晚说话者，到八九岁的时候，他们的陈述技能低于控制组的儿童。很显然，在整个成长过程中，儿童都处于语言表达方面跟不上同龄儿童的劣势地位，他们不能很好地表达或者不能理解同伴的意思，必然影响同伴沟通，进而影响同伴交往，这是一件非常不利于孩子

成长的事情。

1.遗传因素

对于特别严重的语言发育滞后的孩子来讲，有一个现实，父母必须坦然面对，那就是孩子说话晚可能跟遗传有关。在芬兰开展的一项研究发现，有阅读困难家族史的晚说话者会表现出持久的语言障碍，而没有家族史的晚说话者到了3岁半就拥有了正常的表达能力。

2.环境因素

父母以及其他的照顾者在宝宝成长过程中扮演着重要的角色，婴幼儿通过听成人说话来学习语言。父母跟孩子多说话的家庭，孩子的表达能力一定强。

有一项研究显示，词汇量大的孩子是那些妈妈对其回应程度高的孩子。有一点需要提示一下，一个整天自己唠叨的妈妈给孩子语言表达带来的促进作用一定比不过对孩子语言敏感性高的妈妈。这里的敏感性高，不仅仅指的是孩子说什么了，妈妈积极回应，还包括妈妈主动创设情境跟孩子互动。

在这里有一件特别值得一提的事情，就是在宝宝处于前语言阶段的时候，父母一定不要因为宝宝还没有开始说话而放弃对他们进行语言启蒙。当小宝宝牙牙学语的时候，成人以清晰的语音重复宝宝的话，这样的形式对宝宝学习语言具有促进作用。

宝宝的情绪与情感

你家宝宝“杜氏微笑”的频次高吗

幸福是父母对孩子最美好的祝愿以及在养育上努力的方向。要判断一个人生活得是否幸福，情绪幸福感是个很好的衡量标准，而杜氏微笑则是情绪幸福感的最直观的表现。

情绪幸福感是心理学家伯恩在1969年开创性提出的，他把人的情感分为积极情感和消极情感，并认为幸福感就是这两种情感之间的平衡，积极情感增加人的幸福感，消极情感降低人的幸福感。简单来说，情绪幸福感就是指人们所体验到的积极情感与消极情感的差。

当一个孩子哭了的时候，并不代表这个孩子情绪幸福感低；当父母恰巧看到一个孩子大笑的时候，也不代表这个孩子情绪幸福感高。要想判断这个孩子是否足够幸福，可以观察孩子一天或者一段时间内是哭得多还是笑得多。在没有生病的状态下，一个孩子在一天的时间反复出现杜氏微笑，而较少哭泣，那么，就可以对这个孩子的情绪幸福感作出判断：他具有很强的情绪幸福感。

19世纪的神经学家杜兴·布洛涅发现了60种面部表情，其中最有名的就是一个男子把脸扭曲成一个不露牙齿的咧嘴笑。他看上去像傻瓜一样高兴，脸颊上扬，甚至笑出了鱼尾纹。从此，这种微笑被称为“感觉得到的微笑”或“杜氏微笑”，而这种微笑与真正喜悦的心情以及傻乎乎的幸福感有关。

宝宝露出的杜氏微笑越多，说明他感到越幸福，父母的养育越到位。孩子的情绪幸福感与父母的养育密切相关。当宝宝哭泣的时候，聪明的养育者善于接纳，并去搞清消极情绪背后的原因，及时满足宝宝的需要，宝宝就会较少哭泣。

宝宝会以父母的情绪作为情绪参照，所以，如果父母表现出较多的积极情绪，如幸福、爱慕、娱乐、希望、同情、自豪、感激和敬畏等，儿童也会相应表现出更多的积极情绪；如果父母表现出较多的消极情绪，儿童则更倾向于表现出恐惧或者愤怒等情绪。

关于父母情绪与宝宝情绪的这种相关性，第一种可能是因为宝宝对父母的表情做出反应并模仿这些表情，毕竟笑具有传染性，一个人听到另一个人爽朗的笑声，不自觉地就露出了笑容；第二种可能是父母的行为诱发了宝宝的情绪表达，父母开心，宝宝就开心；第三种可能是某种情境下，因为相同的基因而表现出相似的表情。

大笑和微笑都会使别人觉得舒服、被理解和赞赏。当宝宝特别开心，咧着小嘴对着父母大笑的时候，父母要理解，此时的宝宝非常开心，他很喜欢现在正在做的事情。比如，父母学猴子吃香蕉的惟妙惟肖的样子让宝宝开心，以后的日子里，不妨在宝宝面前多学一些动物的表情，来逗宝宝开心。

作为宝宝的照顾者，保持心情愉快是最基本的教养原则，为了让宝宝健康成长，父母要学会调控自己的情绪。如果自己心情不好，难以抑制恐惧、悲伤的情绪，那么，就先让别人照顾一下宝宝，自己去把消极情绪释放掉，再来和孩子面对面地玩耍。

宝宝突然发脾气，怎么处理

有的宝宝动不动就发脾气，不高兴了，不管手里拿着什么，就摔下去；有的宝宝想要什么，妈妈不给，紧跟在妈妈后面，扯着衣服拽着袖子，一把鼻涕一把泪，一副不达目的不罢休的样子，妈妈耐着性子，哄了又哄，根本不管用。人多的时候，面对孩子如此表现，妈妈窘得都想找个地缝儿钻进去；没人的时候，妈妈恨不得给孩子几巴掌，这样孩子免不了大喊大叫。

这么做管用吗？当然不管用。为什么呢？因为父母处理的方法不对。面对发脾气的孩子，大人先要有一个认识，不能处理孩子的脾气，而是要给予尊重。很多父母的做法是停留在寻找孩子发脾气的原因或者寻找解决办法去了。孩子摔跟头了，就拍打地面，给孩子解气；小伙伴不跟宝宝玩儿了，就去求人家，跟自己的宝宝多玩儿会儿。这些父母一定没有想到，父母正确的角色是做宝宝的情感后盾，从情感上支持宝宝，至于宝宝发脾气的原因或解决办法就是稍后要处理的事情了。

宝宝摔了就摔了，疼就哭一会儿，或者抱起宝宝去玩点儿别的；小伙伴不玩儿了，就去寻找更有趣的活动。妈妈在引领着宝宝这么做的过程中，宝宝就认识到了，摔了疼一会儿就好了，小伙伴回家有事情，可以以后再玩儿啊。所谓的成长，就是在不断经历各种事件的过程中建立起对于人间百态和行为做法的认识。

任何一个人都不可能想让这个世界怎么样就怎么样，让他们清醒过来的办法就是接受现实。接受了现实就不痛苦了，就会在自身找原因了。一个多次跌倒后的宝宝，终究会明白，小心点儿才不会摔倒，遇到坑坑洼洼要停下来，绕过去，走更平坦的路。所以，当宝宝跌倒的时候，只需关心一下宝宝是否摔伤，告诉他为什么会摔伤，至于路是否平坦，宝宝是否用得着哭，都不是重点。

遇到坑坑洼洼的路，大人先走过去，并让孩子看大人是怎么走的，那么，孩子就能逐渐学会如何战胜困难，就不会再出现同样的失误了。

当宝宝发脾气的时候，和宝宝对着干，或者谴责宝宝不中用等，对宝宝都是不小的打击，他们可能会觉得父母并不支持自己、不爱自己，情感联结断裂后，安全感丧失，不仅会影响亲子关系，还会影响宝宝的探索欲和交往欲。

成长是宝宝自己的事情，需要他们亲身体验和感受，才会获得经验和认知。当宝宝经历了不如意的时候，他们只需要父母的理解和支持，所以，父母帮助孩子说出他们的想法和感受，孩子获得了倾诉，负性情绪发泄出来了，事情就过去了。

宝宝说，妈妈陪陪我吧

生活中，宝宝经常这么说："妈妈，陪我玩儿会儿吧。""妈妈，给我读个绘本吧。"面对宝宝的呼唤，妈妈该怎么办？当然是放下自己的事情，陪宝宝玩儿了。该怎么玩儿呢？

如果宝宝是在玩积木，那么，妈妈就和宝宝一起搭积木，他们说怎么搭就怎么搭，他们想要个什么建筑就搭个什么建筑。此时，大人要想到，搭积木对宝宝来讲是游戏也是工作，其间，他们会遇到困难，无法达成心中的愿望，此时他们能否坚持玩儿下去、以什么样的心情玩儿不仅影响他们的智力发展，也会影响性格形成。所以，当宝宝完成一些工作后，妈妈要给予肯定，让宝宝看到自己的成绩。成绩是实力的表达，能提升宝宝的自我效能感，不断这么做，宝宝在搭积木乃至玩游戏上的自信就建立起来了。从此，他们玩耍的能力更强，也更能专注于某个游戏，独立能力更强。

在一些妈妈眼里，陪宝宝玩儿不如刷朋友圈、追剧、玩游戏等有意思，她们常常想，工作一天挺累了，玩儿会儿可以放松一下紧绷了一天的神经，再看孩子，得多累啊，还是让宝宝和家里其他人玩儿去吧。

确实，一天工作下来很不轻松，但是，陪伴孩子的重要性与工作、赚钱比更加不容忽视，尤其是宝宝小的时候，他们更加需要父母的陪伴。父母的陪伴让孩子感受到爱，被爱的感觉使他们内心更安全、更有力量。人的身心是互相影响的，宝宝也一样，当宝宝精神状态好的时候，他们有食欲、吃得好，玩儿得好，自然成长得好。

从养育者的角度来看，父母只有和孩子在一起，和他们玩耍、游戏、吃饭、聊天、睡觉……才有机会接触孩子行为的点点滴滴，观察他们的身体状况、脾气秉性，了解他们的所思所想，知道他们的烦恼和忧伤，从而反思教养上的不足之处，积极寻找更好的教养方法。

随着孩子的不断长大，很多家庭存在亲子沟通不畅的情况，亲子之间，一说话就崩盘，父母说什么孩子顶什么，到了青春期，大人要有什么想法，得处处赔着小心，看孩子心情不错才敢表达出来。为什么很平常的亲子沟通变得如此不顺畅？这主要在于，父母不懂孩子，没有尽心地陪伴过孩子，孩子和父母无法推心置腹。在孩子小的时候，父母就给予充分的陪伴，努力去做孩子的贴心人。

至于时间，只能通过合理安排、巧妙利用的方式去挤出来了。为了让时间和精力更充沛一些，可以从其他的方面来节省一下精力，比如把洗衣服的任务交给别人；打扫卫生的工作交给小时工；采购尽可能地网上搞定，这样，妈妈从一些家务事中解放出来，就有时间陪宝宝了。

两三岁，还吮吸奶头或奶嘴

有许多宝宝，到了两三岁还在吮吸奶头或者奶嘴，有的是用奶瓶喝奶，有的是不喝奶也要吮吸，母乳喂养的宝宝，把妈妈的乳头都吮吸疼了。

这个时候，妈妈就开始想办法给宝宝戒掉奶瓶、奶头了。面对眼泪汪汪的小宝贝，她们下一次决心放弃一次，宝宝戒不掉，妈妈的心里就存在一份担忧。

遭遇这样的两难境地，妈妈该怎么办呢?

1.奶瓶有安慰作用

吮吸这个动作对宝宝有很大的安抚作用，心情不好了，想念妈妈了，困了要睡觉了，他们就要吮吸。所以，吮吸既满足了宝宝的口欲，也满足了他们的情感需要。

如果妈妈不想让宝宝再吮吸奶头或者奶瓶，那么，就要多给宝宝一些安慰，妈妈多陪陪宝宝，带宝宝多玩耍，宝宝情感需要获得了满足，内心不空虚，就有了战胜困难的力量。

2.容忍到入园后

有位妈妈因为没有母乳，所以，宝宝一出生就吃奶粉，到了2岁后，妈妈想换掉奶瓶，让他用杯子喝奶。这位妈妈很用心，给宝宝准备喝奶杯子的时候，特意带着宝宝去买，宝宝也很开心地挑选了自己喜欢的杯子。可是，喝水可以，如果用这个杯子冲奶粉，宝宝根本就不喝。

妈妈怎么劝说都不行，没办法，只好继续用奶瓶喝。中间不断地努力，把奶瓶藏起来几次，结果都是以宝宝哭妈妈屈服而结束，妈妈的内心依然忐忑。不断地问周边喝奶粉的宝宝的妈妈，她们家的宝宝有没有使用奶瓶，结果是绝大部分都在用。到了3岁，宝宝入园了，妈妈不再努力了，她担心正在忍受入园焦虑的宝宝会因为哭闹而生病。

谁想到，入园3个月后，宝宝不但适应了幼儿园生活，还把奶瓶戒掉了。他直接跟妈妈说：“收起来吧，我不喝了。”从此再没要过奶瓶，也不再喝奶粉了。没办法，为了宝宝的健康，妈妈只得给他喝鲜奶和酸奶。

3.不要心软

狠心一次宝宝哭了，如果再坚持几天，宝宝也就不哭了。因为两三岁的宝宝已经有了较强的心理承受能力，只是当时不习惯，为了满足口欲而以哭闹的方式与父母抗争。

妈妈多陪陪宝宝，带他们出去玩耍，外面的世界对宝宝的吸引力很强，与家里相比，使他们更不容易思念奶嘴，多抗几天，也就戒掉了。

宝宝的行为表现与性格塑造

关于内向、外向性格特点的科学解析

当宝宝的行为能力逐渐发展起来，能走了、会玩儿了以后，他们与外界接触的机会就出现了，这个时候，内向或者外向的评价就产生了。有的妈妈说："我女儿特别不喜欢出门，很内向，怎么好呢？"有的妈妈说："我儿子一天到晚闹腾，到哪里都不认生，很外向。"

在生活中，这样的评价并不少见，也或多或少影响着父母对孩子的认识和养育，为了让父母的教养行为更符合孩子的气质特点，父母有必要掌握有关内向、外向的专业知识。

心理学家荣格认为，一个人的兴趣和关注既可以指向内部，也可以指向外部。前者叫内向，后者叫外向。

心理学家艾森克把人格特质分成外向、神经质和精神质这三个维度，他通过实验和临床研究发现，内向、外向与中枢神经的兴奋、抑制的强度密切相关。在外向这个维度上，内向和外向位于内向、外向维度的两端，具有典型的外向人格的人好交际、喜欢聚会，渴望刺激和冒险，有许多朋友，需要与人交谈，情感容易冲动；具有典型的内向人格的人则是安静的，不喜欢刺激，富于内省，除了少数几个知己外，不喜欢过多的社会活动。

内向和外向为什么会有如此不同的表现呢？内向者具有比外向者更高的皮层唤醒水平，外向者需要高强度刺激，以提高他们的唤醒水平。内向者则需要寻求独处或者没有刺激的环境，以防止进一步提高唤醒水平，造成心神不定。

按照人格特质分类，大多数人都位于内向和外向之间，绝对内向或者绝对外向的人并不多。

内向孩子容易疲劳，累了，需要休息。他们不会像外向孩子那样精力充沛，到处跑着玩耍。他们可能玩儿一会儿就累了，需要一个人静静地待着，玩玩具或者看绘本对他们来讲是补充身体能量的好方法。外向孩子就不同了，他们需要在与外界的交往中获取能量。他们不能停下来，一个人待着对他们来讲是一件困难的事情，他们需要陪伴，需要到处玩闹，发起挑战，才能维持神经中枢的唤醒水平。

内向和外向只是神经系统兴奋、抑制的强度不同导致的，并无好坏优劣之分。外向的人天性具有较强的行动力，精力旺盛，能力感强，善于获得他人的认可。在与人交往上言谈洒脱、收放自如，大有呼风唤雨的架势，能争取更多的主动性。内向的人性格稳重踏实、安静，坐得住，秩序感强。

一个孩子，不管他是内向还是外向，只要受到良好的与先天气质匹配的教育，就能成长为有性格优势的好孩子。

同样，内向的孩子和外向的孩子又都有气质劣势，比如内向的孩子有时太较真儿、外向的孩子有时不记事，孩子的消极气质特征激起了父母对他们施予不符合他们气质特征的养育行为，从而影响了孩子的发展。

抗挫折能力：再来一次

所谓的逆境商，就是宝宝面对挫折情境、不如意、达不成的愿望时的反应能力。这种反应能力与先天的气质特点有关，但是更多的在于后天的培养。父母可以通过一个宝宝面对挫折时的反应来判断他的逆境商的高低。

当一个4岁的宝宝用木条状积木码大桥的时候，会出现大桥倒塌的情况。面对自己的工作成果毁于一旦，有的宝宝哇哇大哭，哭过后，重新再来；有的宝宝只是很惋惜地叹气后，就重新码了；有的宝宝就不行了，不停地喊“我的桥塌了”，然后就大哭特哭，推倒所有积木，不玩儿了。

很显然，以上宝宝的不同表现体现了他们逆境商的高低。之所以有的孩子能够平静地面对不如意，是因为他们知道不如意没什么可怕的，是一种非常正常的存在。这样的认知来自父母从小对他们的教养。

父母爱孩子，但并不是无原则的爱，他们的爱有原则、有尺度，会考虑行为的结果，特别是孩子1岁以后，他们从不无条件地满足孩子的一切需要。起初孩子会哭闹，但是，慢慢地，孩子就知道了，有些事情不能做。

比如，小宝宝看到花坛里的花开得特别漂亮，就要伸手摘。妈妈说："不可以。"宝宝就哭闹。妈妈告诉宝宝："花是供大家欣赏的，摘下来就枯萎了。"宝宝还是哭闹的话，就把宝宝抱离，并告诉他，这些花是给爱护它们的人欣赏的。这样，父母就给宝宝展示了一种对待花草的态度，宝宝慢慢接受后就学会了爱护花草。

当父母教会宝宝一种对待事情的正确态度的时候，也就把理性放进了宝宝的意识里，抑制了任性、情绪化的天性。小的时候，宝宝的不合理要求一次又一次地被拒绝后，他们就懂得了什么要求合理什么要求不合理、不合理的要求一定会被拒绝，这样，当他们的不合理要求被拒绝后，就能坦然接受了。

慢慢地，宝宝经历了一些无能为力的事情后，也就懂得了，父母不是超人，不能满足自己的一切要求。于是，当他面对柜台里新款的小汽车的时候，虽然他很想拥有，但是当妈妈告诉他，这个月家里有很多用钱的地方，没有余钱给他买小汽车的时候，他就能接受了。

当孩子具备了一定的抗挫折能力的时候，也就带动并促进了孩子很多优秀品质的萌芽和发展，比如，爱心、自我控制能力、坚持力、换位思考能力、专注力等，这样发展下去，孩子就具有了高尚的人格。

自我控制能力：能接受否定结果

大半夜了，宝宝不睡觉，一直玩儿，妈妈陪着玩儿，突然，他提出来要看电视。怎么办？妈妈要告诉孩子："不能看电视，原因有两个：第一，你今天已经看了半小时的动画片，不能再看了；第二，时间太晚了，看完电视太兴奋，你更睡不着了；第三，这么晚看电视，也会影响爸爸睡觉。妈妈给你讲故事吧。"宝宝有可能答应，也有可能不答应。

以上虽然是个小事件，对孩子的成长来讲，却不是小事，因为这涉及孩子的自我控制能力的提升。自我控制是个体有意识控制冲动行为、抵制满足直接需要和愿望的能力、为了执行能带来长期利益的目标指向的行为。

孩子要控制住自己需要在具有不同价值的行为中进行选择，大脑前额叶的工作记忆系统和情绪动机系统通过给可供选择的行为进行赋值来发挥作用，对两三岁的孩子来讲，他们的前额叶系统正处于发育过程中，理性思维能力不强，而情绪控制能力也不高，所以，自我控制是一件比较难的事情。

但是，宝宝又特别需要具备这样一种自我控制能力，所以，需要妈妈引导孩子控制不可行的行为，选择可行的行为，是其在不断地体验自我控制的过程中锻炼出来的。

1.在日常生活中，让孩子接受“不可以”

妈妈带宝宝出去买水果，宝宝选择了他最喜欢吃的橘子，橘子黄灿灿的很诱人，而且闻起来很香，宝宝咂咂嘴，想吃。妈妈说：“外边太冷了，橘子也冷，吃到肚子里会肚子疼的，咱们拿回家再吃吧。”宝宝能够听懂妈妈的话，觉得回到家再吃最好并做到了，这个过程就是自我控制。

宝宝到了两三岁，已经拥有了一定的心理能量，在与外界接触的过程中，生活经验比以前丰富了，对于一些事物有了自己的兴趣和爱好，对“怎么做”对自己更有利已经有了一定的评判，即使被欲望驱使会哭闹，如果妈妈坚持原则，搞定他们也不难，除非那些长期被无原则娇惯的孩子才会不懂道理。

有的妈妈觉得，小事情没必要跟孩子较真儿。其实不然，孩子的美好品质就是在一次又一次地抵制住诱惑，坚持正确做法的过程中建立起来的。培养自我控制能力的时间越早，孩子感受到自我控制的好处，越倾向于努力控制自己，自我控制的能力就越强。

2.有意识地锻炼一下

孩子都喜欢玩游戏，那么，让游戏内容涉及自我控制，就是一种很好的锻炼自我控制能力的方法。

比如，在家里，妈妈在客厅里画一条线，然后，妈妈和宝宝比赛，玩脚跟对脚尖往返活动。因为有妈妈的参与，因为赢了会有奖品，因为动起来了，孩子会非常喜欢参与。关键是，在这个过程中孩子要遵守游戏规则，约束自己的行为，就是一个很好的锻炼自我控制能力的活动。

还有，玩拼图、找不同、画画、串珠子、50米跑等都是很好的锻炼自我控制能力的活动。孩子做得多了，心理忍耐力强了，自我控制能力就提升了。

建立规则，放下无所不能感

人们生活在有规则的世界中，在道德与法律面前，任何人都不可以为所欲为。对人类来讲，想怎么样就怎么样、想干什么就干什么相当于自取灭亡。所以，任何人都不是无所不能的，拥有无所不能感是一种不成熟的表现。面对成长中的宝宝，正确处理好他们的无所不能感，他们才能顺利地成长。

孩子出生以后，他们需要“想怎么样就怎么样”：肚子饿了，就有人把奶送过来了；拉了臭臭，就有人给清理；想走出家门透透气，就有人带着去……对于小宝宝，每位家长都努力满足他们的一切需要。这样，宝宝的安全感就建立起来了，他们就放下了对这个世界的担心和恐惧，做起了阳光下的快乐宝宝，自由自在地成长了。

某一天，宝宝拿起了奶奶的眼镜，这个造型奇特的物品让宝宝着迷，奶奶抢过去，他仍然想要，任凭奶奶怎么说都不行。奶奶生气了：“这孩子，怎么这么不懂事呢！不是说了吗，这个不能玩儿。”奶奶强行把眼镜放到高处后，宝宝开始放声大哭。

宝宝为什么这么痛苦呢？因为他们的无所不能感受到了挑战，在他们心中，一直以来，他们都是想怎么样就怎么样，有什么要求都会被满足。所以，当他们的要求被拒绝的时候，心里十分痛苦。怎么办？大约从1岁起，父母就要开始逐渐培养他们的自控力、尊重意识、负责精神，这样，父母不把孩子当作宝贝捧着，领着他们学做普通的事情，孩子就会建立起一种做事的态度。

这样的转变对宝宝来讲是个考验，起初，他们的内心会因为不舒服而反抗，但是，当他们享受到了被限制的快乐以后，他们就愿意接受各种条条框框的限制，因为每个孩子都有着天然的成长内驱力。

有人说，给了又拿走，何苦这么折磨孩子呢？从宝宝一出生就对他们“铁面”不可以吗？当然不可以。宝宝出生以后，他们特别需要一种无所不能感，这种感觉使他们产生安全感，能够自由自在地成长。他们要脱离这种无所不能感也是成长的需要，他们长大了就要懂得规则，懂得有些事情可以做，有些事情不可以做。社会规则的具体内容，则需要在孩子慢慢长大的过程中习得。

作为父母，给予宝宝无所不能感是宝宝成长的需要，然后，再帮助宝宝放下无所不能感建立起规则，也是宝宝成长的需要，所谓的好教养，就该这样去遵循宝宝的成长规律。

宝宝的社会性发展与道德品质

宝宝尿床后，冷处理

2岁以前，宝宝尿床或者尿裤子，大多数家长都能接受；2岁以后，如果宝宝再尿裤子，家长接受起来就不那么自然了。宝宝尿床后，有的大人不由自主地就来一句：“这孩子，又尿床了，再尿床，就打你啊！”家长这么说，是想吓唬吓唬宝宝，让他们长点儿记性，不要尿床了。但是，一点儿作用都没有。

一般情况下，两三岁的宝宝都不尿床了，偶尔尿床也正常。比如，出去旅游玩儿累了，睡前喝了太多的水、夜里做梦了等，都可能导致宝宝尿床。根据2014年《中国儿童单症状性夜遗尿疾病管理专家共识》的定义：年龄大于或等于5岁的儿童，平均每周至少2次夜间不自主排尿，并持续3个月以上，就需要看医生。所以，3岁前宝宝的尿床行为是正常现象，不是病态，绝大多数与精神因素、卫生习惯、环境因素等有关。

虽然宝宝尿床是正常现象，但是如果被大人呵斥、责骂、逗弄、吓唬，那么也会对宝宝造成一定的心理影响，让宝宝感到害羞、难为情。宝宝尿床后，会很小心地留意家人的反应，毕竟他们已经懂得妈妈要因此而洗被子、洗衣服，内心有时会感到愧疚。如果妈妈大惊小怪，会让他们觉得自卑；如果妈妈默默接受，或者平静地说：“昨天晚上喝水喝多了，尿床了。”这种表述性的语言，不伤宝宝尊严，却能提醒宝宝以后要注意。

宝宝尿床后，妈妈跟往常一样平静地照顾宝宝起床、穿衣服，不责怪宝宝，宝宝就不会神经紧张，也不会因此产生心理压力。妈妈温柔的态度能够激起宝宝内心的正向驱力，他们会暗示自己不尿床。

随着宝宝年龄的增大，神经功能、膀胱括约肌等身体机能逐渐发育，不同的宝宝发育速度不同，有的宝宝可能就会比别的宝宝尿床的次数多一些，父母要多给孩子一些时间，慢慢地，宝宝就不尿床了。

如果宝宝一尿床妈妈就斥责宝宝，甚至在睡觉前吓唬宝宝："晚上敢尿床，我就把你扔出去！"那么，宝宝精神紧张，越害怕尿床，越是尿床。如果宝宝为了不尿床，有意识地憋着不尿，弊端就更多了。

小便是受中枢神经系统控制的条件反射，当宝宝尿床受到了妈妈的严厉斥责后，宝宝就会有意识地憋尿。现代医学研究指出，人能抑制尿的排放，是在脑神经支配下，靠膀胱内括约肌逼尿肌的协调作用形成的结果，在幼儿憋尿意念的作用下，会形成人为的尿潴留。宝宝有意识地憋尿后，尿在膀胱内停留时间过长，尿中有毒物质被肾小管重新吸收，会加重肾脏的负担。所以，对于小宝宝来讲，他们想尿就尿，千万不要憋着。

镜中我：2岁前后开始建立自我意识

自我意识是一个人对自己存在的察觉，即自己认识自己的一切，包括认识自己的生理状况、心理特点以及与他人的关系。对任何一个人来讲，自我意识都很重要，因为每个人都是为了明天而存在，明天是什么样，在于今天怎么过，一个人只有自己了解自己才能过好每一个今天，拥有更好的明天。

自我意识并不是一出生就拥有的。自我建构的过程是一个从无到有，从感性到理性的过程。人的心理生活是由自我构建的，自我以对自身及与自身有关事件的解释构建起自己的心理世界。

宝宝刚出生的时候，对自己没有感知，自我是伴随着宝宝对自己的认识而建立起来的。1岁以内，婴儿没有清晰的自我意识，但他们逐渐发展起来一些自我知觉能力。

有一个著名的实验，证明了3个月的宝宝能将自己和他人分开。实验开始后，当研究者给3个月的宝宝呈现他自己和另一个宝宝的录像时，宝宝注视同伴的时间更久。这在一定程度上说明，宝宝具备把自己和他人区分开的能力。

关于宝宝自我意识的研究，最著名的就是这个"镜中我"的实验。心理学家刘易斯等选择的被试是9～24个月的婴儿，他们让婴儿在镜子里注视自己，然后母亲偷偷地在宝宝的鼻尖上抹上红色的标记，带宝宝来到镜子前面看自己，结果，年龄小于18～21个月的婴儿看到镜子里的形象时，并不去摸自己的鼻尖，而大多数24个月的婴儿用手指去摸自己的鼻尖，说明这个年龄段的宝宝有了自我意识。

儿童的自我意识在2岁左右已经建立起来了。孩子形成自我意识后，他们在提到自己的时候已经能够用“我”或者自己的名字，这意味着宝宝把自己作为认识和行为的主体。他们开始频繁地使用“我的”这个词语。“我的。”“我的小汽车。”“这是我的。”“我的妈妈。”……

皮亚杰认为，个体的心理表象和语言在对事物的表征方面具有功能相同性，两者在发展上也具有同步性。当儿童能够用语言表达某一情境的时候，他也同样能用表象表现它们。所以，当宝宝频繁地说“我”“我……”的时候，说明他们内心有一个独立自我的表征，从此他们要开启自我意识的发展之路。

宝宝为什么会逆反：长大感

从心理发展的角度来看，宝宝在两三岁时，自我意识形成了，宝宝感觉自己是个独立的个体，能做很多事情，对外界有一定的影响力了，他们觉得自己长大了。长大感促使宝宝要表达独立，因为能够区分自我意识与他人意识，他们要不停地与他人划界限，因为感觉自己能不断地用自己的力量影响周围的环境，在这个过程中，由于他们有很强的自主意识，会反抗父母的安排和管束，情绪激烈而执拗，这样的宝宝一改从前的温顺与听话，在大人眼里很“叛逆”。

很多因素的合力导致宝宝产生了叛逆行为，但最根本的因素就是两三岁的时候，宝宝的独立意识增强，出现了成长和发展的超前意识，有了长大感，要求行为、动作自主和行事自由，会向控制方，主要是父母要独立自主权，要求按自我的意志行事，被父母阻挡后就会反抗。而很多父母没有意识到宝宝的独立性有了很大提高，依然延续以前的保护性的照顾和教养方式，让宝宝感到很不自由，宝宝反抗了，父母还不理解、不懂得改变，搞得双方都很累。

两三岁的宝宝的自我意识形成了，这意味着宝宝要表达自己已经是个独立的个体的现状。

生命活动遵循天然的秩序性，这决定了自我意识的建立是一个有秩序的过程。孩子出生后用口来品尝味道，接着用口唤醒了手和脚。在这个过程中，宝宝认识了自己的身体部位、了解了这些部位与外界不同。接着，他们学会了一些动作，感受到了这些动作的结果。到了2岁的时候，真正的自我意识就建立起来了，喜欢说“不”“我的”，越来越关注自己，试图表达自己的想法，比如什么事都要自己来，喜欢自己挑选的用品等。

宝宝形成自我意识后，自我意识的发展主要表现在自我知觉上，表现在他们能清楚地把自己和他人区别开来，能够使用代词“我”和“你”，分别用来指代自己和他人。

宝宝开始指挥别人的行为，儿童对成人的这些指挥目的并不在于要得到某一种物体，而是只要影响成人的行为。比如，宝宝自己坐着，却对妈妈说：“妈妈，去把我的小汽车拿来。”他不疾不徐，妈妈找不到，他就坐在那里指挥。有的妈妈说：“我这一天都让我家宝宝指挥‘断腿’了。”当宝宝指挥父母做事情，父母不配合时，宝宝不满意，就要发脾气。

两三岁的宝宝觉得自己长大了，能做很多事情了。事实上，他们做不好，长大感只是一种超前的感觉，与他们的实际能力并不相符，当他们要自己做而父母不让他们做的时候，矛盾就产生了，宝宝就要反抗。

所以，超前的自我意识与宝宝的实际能力之间的矛盾导致了宝宝的不自信，越是不自信，越要做事证明自己。两三岁宝宝的自我认识能力有限，但他们却常常要挑战自己力所不能及的事情。

宝宝无时无刻不在表达自己的独立意愿，他想让别人明白：“我长大了！我和你一样是个独立的人！”他要划清自己和别人的界限，要按照自己的想法去行动，不受大人约束。这是宝宝眼里的独立。

有时，宝宝特别执拗

餐桌上，妈妈给宝宝盛了米饭，也夹了菜，但是，宝宝说：“我就吃鱼。”

妈妈说："吃点儿米饭。"宝宝说："我不吃米饭，我就想吃鱼嘛。"妈妈没强迫，孩子平时也喜欢吃蔬菜，今天一天不吃，没关系。那么，就光吃鱼吧。吃了一会儿鱼，宝宝把米饭和菜也吃掉了。

退一步讲，如果妈妈硬是让宝宝吃米饭和蔬菜，他可能饭、菜、鱼都不吃了，这样的结果一定不是妈妈想要的。相反，顺应宝宝吃鱼的欲望，让他自主决定，他反倒能正常吃饭了。

宝宝两三岁，有执拗表现的时候，父母适当地顺应一下，有利于宝宝度过这个自我意识特别强的时期。

两三岁的宝宝虽然有了自我意识，他们强烈渴望表达自己的独立，让父母给自己更多的自主权利，但是，他们的认知能力有限，受思维的自我中心性影响，他们不具备逻辑思维能力，做事情的时候，往往是一边干一边思考，干到哪里算哪里，而不能事先预测行为的结果。这样的思维特点加上他们的自主性需要，必然导致他们难以接受父母的指导和建议，甚至以反抗的态度对待。

两三岁的宝宝权利意识很强，他们强烈要求自己管理自己，一切不同于他们行为的建议和做法都会被他们视为对其自主权利的侵犯，会激起他们强烈的反对。从成长的角度来看，宝宝有这样的表现一点儿都不蛮横也不矫情，而是他们处于这样的一个成长阶段的必然反应。

著名心理学家埃里克森认为，这个年龄段是宝宝社会化迅速发展的阶段，他们需要获得自主感，才能克服怀疑感和羞耻感，从而获得良好的意志品质。

意志指的是不顾不可避免的害羞和怀疑心理而坚定地自由选择或自我抑制的决心，包含自觉性、坚持性、果断性、自控力。任何一个人想做成一件事都需要具备相应的意志品质，这些意志品质的形成需要一个过程，不同的阶段又会有不同的表现，经过一定的阶段后才能完美地建立起来。

宝宝心理的发展遵循一定的内在秩序，他们希望所有的事情都按照自己认为的秩序来做，大人违背了这个秩序，会让他们感到不舒服。所以，当宝宝执拗地坚持某种行为或者做法时，很可能就是他们内在秩序的外化，只要无伤害，大人就不要改变孩子的意愿。

如何理解宝宝的自我中心性

妈妈拿笤帚扫地上的尘土，刚拿起来，还没扫，儿子过来说："这是我的，我的大马，给我。"说完，就抢过去了。妈妈说："给你！什么都是你的了！"转身，妈妈去搬儿子的玩具筐，儿子又过来了："我的推土机，给我。"

两三岁的宝宝喜欢说："我的，我的。"这个是他的，那个也是他的。在宝宝心中，他就是自己所见到的这个世界的主宰者，他想怎么样就要怎么样。即使有些物品不是他的，有时他也会认为是自己的。这是怎么回事呢？这是因为这个年龄段的宝宝已经能够通过表象、言语以及其他的符号形式来表征内心世界和外部世界。但是，他又不能把自己和外界很好地区别开来，于是就有可能把自己看到的、玩过的别人的东西看成自己的，自己的东西别人更不能碰。

皮亚杰认为，自我中心性是这个阶段儿童思维的又一个显著特点。自我中心性，指的是儿童还不能将自我与外界很好地区分开来，总是站在自己的角度去认识和适应外部世界。

具有自我中心性特点的宝宝，看不到别人的需要，不能从别人的角度考虑问题，在别人眼里蛮不讲理。比如，当宝宝玩别的小朋友的玩具正在兴头上，而那个小朋友要回家的时候，宝宝还将玩具拿在手里不给人家，嘴里说着："我再玩儿一会儿。"这个时候，强行把玩具从宝宝手里拿走一定会让宝宝很受伤。妈妈可以带着宝宝和小朋友一起回家，当到了家门口的时候，告诉宝宝："小朋友到家了，玩具也要回家，把玩具给小朋友吧，我们也回家吧。"这样，"家"的情境比较触动宝宝的感知，他们往往更容易接受。

皮亚杰认为，个体的心理表象和语言在对事物的表征方面具有功能相同性，两者在发展上也具有同步性。当儿童能够用语言表达某一情境的时候，他也同样能用表象表现它。当儿童的语言处于自我中心状态时，其表象系统也会具有自我中心的特点。

当宝宝说某个物品是他的，那么，就给他吧，因为在他内心就是这么认定的。宝宝需要大人的尊重，才能一步步走出自我中心，成为一个能够换位思考的人。在宝宝还不具备把自己和他人、自己的物品和他人的物品分开的能力的时候，尊重宝宝的心理需求，不会惯坏宝宝，却可以避免宝宝因为需求不被满足而导致的情绪爆发。两三岁的宝宝自我意识很强，他们很敏感，一旦感觉他们没有被视为独立的个体，外界忽视了他们的独立需要，他们就会反抗，甚至大喊大叫。

宝宝的游戏与亲子阅读

没有角色的象征性游戏

苗苗2岁1个月大，他玩空奶粉罐，忽然，哇哇地大叫起来了："高楼！高楼！"原来他把两个奶粉罐竖着摞起来了。看着儿子一脸的满足感，妈妈走过去说："再往上面放一个。"儿子够不着，妈妈说："妈妈来。"然后，又往上面放了一个，妈妈说："三层楼！"从那以后，苗苗码两个奶粉罐的时候，就说两层楼，码三个的时候，就说三层楼。

苗苗酷爱积木。家里早早就买了各种积木，其中木条积木最多，也一直受到冷落，直到苗苗2岁半以后，木条积木才派上了用场。苗苗用它们搭建各种造型，配合着其他的方块积木，有院子、房间、道路、停车场、商场等。

后来，苗苗能用积木码出更多的实物，比如汽车、房子等。有一天，苗苗用条形积木摆了一个大三角形，然后又摆了一个小三角形，然后把小三角形放到大三角形里面，说："大三角形是妈妈，小三角形是宝宝。"

有一天，苗苗用条形积木码高桥，有路，有桥，还有隧道，然后拿着小汽车从上面通过。小汽车走在积木上，接着桥塌了，苗苗起初会大喊大叫，后来，在妈妈的引导下，苗苗懂得了桥塌是正常现象，哭喊没用，只有再码一次才能继续玩儿。

像上述案例中，苗苗把奶粉罐当成一层一层的楼房了，用木条码出高桥等都属于以物代物，属于象征性游戏。用一物去假装当作或代替另一个不在眼前的东西，这样的游戏叫象征性游戏，也叫假装游戏。

宝宝大概从2岁就大量地出现了象征性游戏，但是要到4岁以后才能表现得比较成熟。细心的妈妈会发现，宝宝突然之间就把矿泉水瓶举起来放在嘴边唱歌了，这就是简单的象征性游戏。三四岁的时候，宝宝把自己的玩具摆出来，高喊："卖玩具了，卖玩具了。"妈妈过来说："这辆小汽车多少钱啊？"宝宝说："8元钱。"这也是象征性游戏，只不过这已经进入了象征性游戏的高级阶段——角色游戏阶段。在游戏里，宝宝变成了卖玩具的老板，妈妈成了顾客，而家自然也就变成了商场。整个过程中，宝宝把多种因素整合成了一个游戏。

儿童所玩的象征性游戏，是理解和运用符号思维表征的最初形式。皮亚杰认为，象征性游戏是思维开端的标志，是实践性的感知运动智力转变为内部的思维活动的一个过渡环节。儿童在象征性游戏中，不断地"以物代物"，为自己创造了特殊的游戏条件。宝宝说大三角形是小三角形的妈妈，其实是对物与物关系的一个建构，是宝宝认知进一步发展的体现。

3岁以前幼儿的象征性游戏中往往没有角色，只有动作的象征。

多和宝宝玩玩语言游戏

2岁前后，宝宝进入语言敏感期，多玩一些语言游戏，不但宝宝感兴趣，还能促进宝宝的语言发展。语言游戏是游戏的一种，对处于语言发展敏感期的孩子来讲，他们对语言的吸收能力非常强，对于来自周围环境的语言刺激，看似没有在意，其实不知不觉地就内化成他们自己的语言了。

这一天，妈妈和乔乔一起在家玩游戏。乔乔3岁以后，他们最常玩的游戏是文字游戏。

妈妈说："车。"儿子说："火车，汽车。"妈妈说："马车。"儿子说："搅拌车。"妈妈说："垃圾车。"……

一会儿，儿子对妈妈说："小朋友，来，我们一起看书。"妈妈说："好的，老师。"儿子从书架上拿下一本《小种子》，说："走，去沙发上坐着看。"妈妈读，乔乔看，读着读着，妈妈就停下，问儿子："下面怎么读？"儿子就能接上。当儿子不会时，妈妈接着读。遇到某个字，妈妈读出来，儿子会自动地组一个词。比如，妈妈读《小种子》后，用手指指着"子"字。儿子会说："儿子的'子'，孙子的'子'，饺子的'子'……"

和宝宝玩这样的组词游戏不但锻炼了孩子的语言组织能力，还促进了他的发散思维，激发了他对语言的兴趣。而且，和妈妈进行这样的一对一的挑战性比赛，他能不断地说出来，提升了他的自信心。

尽早养成每日阅读的习惯

先看两个孩子，他们分别是小学三年级的学生，放学后，学生甲回到家就从书架上拿本书看，一边吃零食补充能量一边看书，看得津津有味；学生乙回到家后一边吃零食一边玩儿，妈妈喊他写作业，他才放下了手边的游戏。

为什么学生甲能够在父母没有关照的情况下，自己拿起书饶有兴趣地读起来呢？因为他对读书有兴趣，当他养成了读书的习惯后，就能自觉地读书了。

培养孩子的读书习惯当然是越早越好，从1岁开始，甚至更早，父母就可以让书走进孩子的生活，这个时候的孩子已经能够翻着书看，看文字、看图画，虽然他们不能读出文字，但是却能看懂图画，以自己的认知去理解图画的内容，丰富思维的表象。这些还不是最主要的，关键在于宝宝的记忆里有了这么一种物品、他们的行动中有了翻书这件事情，反复做，被书里的内容吸引后，就会获得更多的乐趣，反复被吸引，就养成了读书的习惯。

小孩子都喜欢新鲜的事物，而且被重视的感觉让他们感到很美好。那么，父母可以把书当成礼物送给他们，既培养了他们对书的喜爱之情，也让他们感受到了父母对他们的亲爱之情。现在供低幼孩子阅读的图书非常多，这些图书内容丰富，图画精美而富有想象力，文字生动简练，读起来朗朗上口。

父母把绘本捧在手里给孩子读文字，孩子坐在身边看图画，在这个过程中，孩子通过视觉和听觉两个通道、两种方式去读内容，可以说是多通道锻炼了理解能力。父母读着，孩子听着，某一天，孩子能够自己讲出来或者读出来了，那么，帮助孩子录下来，视频或者音频都可以，然后放给孩子看或者听，孩子会很有成就感，就更愿意做这件让自己有满足感的事情了。

父母要为孩子准备一个小书架，孩子的书，不管是新的还是旧的，看过的还是没看过的，都放在书架上。有的家庭书比较多，已经读熟了的可以暂时收起来放到书箱里，书架上就放孩子最喜欢以及这个阶段要读的书。不要觉得这样的布置对孩子没有影响，总有一天，孩子会把书架当成自己生活中很重要的一部分，有空的时候，他会从书架上找书读，很显然，读书已经成为孩子的爱好。

第4章

3～4岁儿童心理发展与科学教养

3岁，儿童已经获得了自我意识，并掌握了大量社会可接受的行为标准和社会规则，拥有了一定的生活、交往技能，情绪逐渐趋于稳定并带有了人格化倾向。可以说，从身体、智力、情绪发展、社会交往各个方面都为他们进入幼儿园过集体生活做好了准备。此时，父母重点要应对的是孩子主动性的发展以及如何过好幼儿园生活。

宝宝的身体与动作发展

动作发展：开始逐步摆脱笨拙

大概从3岁开始，宝宝开始逐步摆脱婴儿圆，呈现出苗条的和健硕的外形，看看或者摸摸他们的肚子，不再软软的、鼓鼓的，而是有了结实的肌肉。躯干、手臂、腿明显地开始变长，除了头部仍然显得比较大外，身体的其余部位逐渐接近成人的比例。

随着宝宝肌肉和骨骼的发育，不管是男孩还是女孩，身体都变得更强壮。软骨组织以更快的速度转化为骨骼，外形看起来更结实。大脑和神经系统也以更快的速度发育，所以，3岁以后，宝宝的动作技能大大提升，活动水平远远超过前一段时间。

3岁以后，宝宝运动能力获得了很大的发展，大肌肉已有较大发展，表现在奔跑的速度越来越快，能够快速跳起来击打父母拿在手里的气球，能够奔跑着轻松跨越3厘米～6厘米的障碍，走平衡木变得轻松、快速，能够自己换脚上下楼梯；小肌肉方面表现在能够画人物简笔画，会使用幼儿剪刀剪东西，熟练地摆积木、小棒等。

孩子的运动能力越强，就越喜欢运动。运动越多，他们的身体素质越棒，身体协调能力越好，动作水平越高。那么，在指导3～4岁孩子的运动方面，父母该怎么做，才能促进他们的身体发育呢?

1.全方位的训练

这个年龄段孩子不但要训练跑跳的速度，还要兼顾他们身体的灵活性。也就是说，父母在孩子运动前就要计划好，让每次运动给孩子带来更多好处。

比如，跑步，父母为孩子画好一条线，让孩子站在线外，模拟一下短跑赛场的情景，跑过去到终点再跑回来撞线。几个孩子一起跑或者大人和孩子一起跑，当游戏有了同伴的参与时，孩子的兴致会更高，所以这个过程既锻炼了孩子的跑步能力、身体的灵活性，也提升了孩子的跑步兴趣。

2.玩什么，可以听宝宝的

因为感觉系统和大脑皮层运动区域的发展使儿童能够很好地协调“想做什么”和“能够做什么”的问题。所以，这个时候，如果宝宝想玩一项游戏，就可以放开手让他们去玩儿，不要担心宝宝会累到或者玩儿不好。

这个阶段的宝宝喜欢蹦蹦跳跳，会选择从高处往低处跳，或者爬台阶，那么，就陪着孩子玩儿个够吧。

宝宝出现了利手情况，怎么办

大约在3岁前后，宝宝在做诸如拿筷子、拿画笔、拿着零食吃等用手的动作的时候，会出现习惯于用左手或者习惯于用右手的情况，有的宝宝则是有时用右手有时用左手。其中，用左手的比例，男孩比女孩更大。

面对这种情况，有的妈妈听之任之，宝宝愿意用哪只手就用哪只手，用左手也没关系。即使她们心里觉得用右手更方便未来生活，但是她们也不纠正，她们觉得孩子的外显行为是内在的心理倾向，可能孩子用着左手更方便才左利手，等将来他们感觉到不方便了，自己就会改正。她们觉得即使不改变，就是左利手，也不是只有劣势没有优势。羽毛球健将林丹就是“左利手”，左利手大脑在反应应激运动项目直接从主管运动的右脑反应给左手，这样在应对反应的时候速度更快。右利手的人则先通过主管运动方面的右脑反应给左脑，再反应给右手。

有的妈妈则不然，她们觉得这是大事情。现实生活中，很多设施、设备都是以右手习惯设计的，如计算机键盘中的很多常用键都设计在键盘右边，钢琴所有需要快速换键的高音阶都在右手区，如果宝宝是左利手，势必影响工作效率。为了长远打算，当宝宝用左手的时候，不管宝宝手里拿的是小勺还是筷子，她们都会很严肃地把工具放到右手上，让右手来工作。这两种处理方式，有对错之分吗？怎么处理才更利于宝宝的成长呢？

左手和右手分列身体两侧，出现利手与大脑的功能有关。由于大脑左半球控制身体的右侧，通常处于支配地位，因此大部分人是右利手。那些大脑机能更为对称的个体，其大脑右半球处于支配地位的，他们通常为左利手。事实上，利手的区分并非总是清晰可见，在从事不同的任务时，有些个体并不是只偏好某只手。

关于利手的研究，有一个著名的基因理论。该理论假设存在单独的右利手基因。根据该理论，从父母双方或单方遗传了该基因的个体都是右利手。没有遗传这种基因的个体仍然有50%的概率可能是右利手，其余人则是左利手或双手都灵活。

成长是一件受先天遗传和后天环境以及自身因素共同影响的事情，既然利手情况与基因有关，因为不同的孩子的基因来自不同的父母，这些父母有的带有右利手基因，有的带有左利手基因，那么孩子呈现出左利手的情况就是一件再自然不过的事情了。如果大人要改变就要趁早，不改变顺其自然也没什么不好，很多人小时候的左利手长大了受环境影响变成了双手都能灵活运用或者右利手，反倒是那些五六岁以后被家长命令改变的左利手可能会遭遇波折。

剪、贴、涂：锻炼小肌肉

在宝宝的成长历程中，前面的发展是为后面的发展打基础的，前面发展得好，后面进步得就快。这样的道理每位家长都懂，懂得的最真切的表达就是在结果出现之前就用正确的努力行为给结果加分。

每个孩子在6岁进入小学后，都会面临一件重要的事情——写字。孩子字写得怎么样受小肌肉的影响很大，而小肌肉的发展不是到了写字的年龄就自然而然地发展到了能够很好地写字的水平，而是需要一个发展的过程。

三四岁是锻炼宝宝小肌肉的好时期。从宝宝自身来看，3岁前后，宝宝的手进入了不能闲着的时期，他们拿着剪刀剪纸、用笔到处涂涂抹抹、不知疲倦地贴小贴画，这说明，内在的秩序促使宝宝努力地促进小肌肉的发展，捕捉到这个信息后，父母就应支持宝宝这么做。

1.准备好材料

父母为宝宝准备好容易剪的、好看的纸，然后和宝宝一起剪，剪图形、剪完以后用胶水贴在一本大册子上，拼成喜欢的图案，整个过程说起来容易，做起来也是一项大工程。所以，妈妈设置任务量的时候，要根据宝宝的兴趣和能力来，最初的几次，宝宝手部肌肉力量不够，可以少剪点儿，然后逐渐增加数量。

不要小看贴这件事，贴的过程需要手部均匀用力后稳住，才能定型到预定的位置上。所以，剪完后，要带着宝宝一起贴。

剪下来的图形贴起来，比买的小贴画更有难度。父母可以选择让孩子先贴小贴画，等掌握了贴的要领后，再回归到贴剪纸这件事情上去。

2.支持宝宝绘画

大部分3岁的宝宝还没有开始专业的绘画训练，都是自己拿着涂色笔在家里涂抹、勾画，如果大人不给予限制，整个房子都可能会成为孩子的画板。没办法，孩子的绘画兴趣就是这么浓，不让孩子扫兴是父母最该有的态度。

父母应给宝宝准备好环保的涂抹、绘画的彩笔，还有纸或者黑板，告诉宝宝，这是你画画的地方，想怎么画就怎么画。即使这样，宝宝还是不可避免地把他的大作画在墙上或者柜子上、门上，看见了就纠正一下，看不见画了就画了，对于3岁的宝宝来讲，这并不是什么大事情。

宝宝的大脑发育与智力发展

表象性思维发展的快速期

儿童看到什么，听到什么，被吸引后，能将所见所闻所听重新再现。父母说过的话，会从宝宝嘴里说出来；他们看到的动画片里的情节，会在玩耍中上演；妈妈做过的事情，他们也要做。宝宝何以拥有这样的能力呢？

首先，在于特别的脑细胞。

行动对孩子的影响要大过语言的科学依据在于：人的大脑中有一种特别的神经细胞，叫作镜像神经元。大脑中的神经元网络，是储存特定记忆的地方，而镜像神经元组则储存了特定行为模式的编码。这种特性让人们具备了一种能力——通过观察习得执行基本的动作。

其次，在于宝宝的延迟模仿能力。

延迟模仿能力使儿童能将其所接收的各种表象信息以心理符号的形式储存下来，并迅速积累大量的表象性素材，从而促进儿童表象思维的发展。

此时的宝宝，已经从感知运动阶段走出来了，不再依靠动作去和外界发生联系，而是通过表象、言语以及其他的符号形式来表征内心世界和外部世界。由此看来，这个年龄段的孩子开始具备一定的思考能力。

如果大人给宝宝讲一个故事，故事中的小动物有个结局后，宝宝会据此提出各种问题。《小红帽》的故事家喻户晓，如果孩子听过，他可能会问：“大灰狼死了，它妈妈会哭吗？”“猎人走了吗？”这就是宝宝思考力发展的体现。

宝宝已经去过一个地方，当大人讲到这个地方时，哪里讲错了，他们会给父母指出来，这是宝宝表象思维发展的结果。幼儿期是宝宝大脑发育的关键期，宝宝思考得多，大脑神经元之间建立的链接丰富，大脑发育得就更好。

所以，帮助宝宝丰富表象，是促进他们思维能力发展的好方法。

1.让思维活跃起来

孩子的习惯化和恢复的能力有助于他们把注意力集中到不了解的方面，提高学习效率。所以，大人尽可能地不要把宝宝圈在家里面对相同的环境，可以带宝宝到家附近的公园、商场、湿地等地方去玩儿，也可以带着孩子去城市的其他地方或者其他的城市，做个周末短途旅行或者假期旅行，都是不错的选择。

三四岁的孩子，他们头脑中积累了很多表象，有亲眼见的，有亲身经历过的，还有听说的，想象到的，动画里、绘本里看到的，经过他们的思维加工，内容就更丰富了。父母引导孩子发挥想象，不断激活头脑里的思维素材，有利于他们的思维活跃起来，了解更多的未知内容。

2.回答宝宝的问题

3岁以后，很多孩子都开始不停地问“为什么”了。“你为什么要穿这件衣服啊？那件粉色的多好看啊！”“爸爸为什么要去钓鱼啊？”……只要孩子问，大人就真诚地给予回答。

有时，大人都忘了的事情孩子还能想起来，像编故事一样将各种情节拼凑在一起，这种情况，父母没必要跟孩子较真儿，顺着他们的思维还原事情的经过，展现因果关系，让孩子看清曾经的淘气行为给大人带来了很多麻烦，就是对他们最好的引导和鼓励。

想象力萌芽期：内容比较零碎

随着孩子所见所闻的增多，他们头脑中的表象多了起来，3岁的时候，孩子的语言里有了各种形象，什么狮子、大老虎、卖鸡蛋的老奶奶等。这就是想象的结果。

想象是对头脑中已有的形象进行加工，重新组合为新形象的过程，是以记忆表象为基本素材加以改造的过程。所以，宝宝头脑中的表象越多，他们可供想象的材料也越丰富。

想象几乎贯穿于整个幼儿期的各种活动中，吃饭的时候，他对着妈妈盛好的米饭说："这碗米饭好像一辆小汽车。"在玩游戏的时候，宝宝还会把玩具熊当成妈妈，自己当宝宝，然后跟玩具熊对话："妈妈，你抱抱我吧！"

这个年龄段孩子的想象属于自由联想性质，没有活动的目的，也没有前后一贯的主题。他们用手画一个大圈，然后说："一个大篮球。"但是，他们在画之前，可没有想过自己要画一个篮球，而是一边画一边看清自己画的是什么。

如果父母想锻炼一下宝宝的目标意识，在宝宝画画之前，告诉宝宝："画个月亮吧。"画起来后，宝宝可能会说他画的是太阳或者箱子。

父母在有月亮的夜晚带宝宝出去玩儿，问宝宝："弯弯的月亮像什么？"他们脱口而出的可能是树叶或者树枝，这样的联想很符合他们这个年龄段的特点。他们所想到的就是他们感知到的事物的形态，而他们的感知往往由外界刺激引起。

父母多带宝宝接触新鲜的、有趣的事物、场景，有利于激发他们的感知系统，促使他们观察、发现、操作、记忆，形成新的表象，与大脑中积累的表象发生联结，形成新的神经元突触，使大脑思维更活跃，想象力更丰富。

宝宝到一个地方玩儿，即使他们玩几分钟就走，也是经历过了，如果想让宝宝留下更深刻的记忆，就想一些能够让他们感兴趣的玩耍内容以吸引他们的注意力，使其多玩儿一会儿。如果带宝宝去一个地方，宝宝一点儿都不开心，不管大人觉得多么有趣，宝宝不喜欢，都要离开。

当孩子兴致不是很高的时候，为了让孩子开心，最好投其所好，选择有游人但游人不是很多的，比较开阔的地方，在那里有年龄相仿的孩子，最好还要有个小沙坑，这样孩子不寂寞，还能够放开了玩儿。

多多进行精加工谈话

人脑有记忆功能，同时也有遗忘功能。德国心理学家艾宾浩斯通过研究发现，遗忘是有规律的，而且遗忘的进程不均衡，在记忆的最初阶段遗忘的速度最快，后来就逐渐减慢，到了相当长的时间后，几乎就不再遗忘了。所以，要想对一些内容记忆得更准确，就要不断地重复，最好要讲究一些记忆策略。

一项对参加舞台表演的儿童开展的研究发现，与事件发生前或发生时相比，在事件发生几天后进行精加工谈话，对儿童两周后的正确回忆有更大的影响。对于3岁的孩子而言，在事件发生前或发生时的精加工谈话与空洞的谈话一样，对后来的回忆没有任何帮助效果。

事件发生后的精加工谈话，是如何提高回忆的效果的呢？这种谈话能够为事件的特征提供词汇标签以及有序且易于理解的结构，从而帮助儿童编码与最近经历相关的信息。

那么，什么是精加工谈话呢？成人会谈到事件的其他特征或增加更多的信息，谈话风格更关注谈话的互惠性以及肯定儿童的反应。

举个例子，妈妈带着儿子去苏州玩儿，苏州最有名的是苏州园林，以拙政园为首。在那里，妈妈给儿子拍了很多照片。回来后，娘儿俩拿着照片看。妈妈指着其中的一张说："那天，我们早早就起床去排队了，你起得也很早。我们站在拙政园的亭子里，你说，这是我家的院子。告诉妈妈，你是不是特别喜欢干净、宽敞的院子啊？"儿子点点头。妈妈告诉儿子："拙政园，位于江苏省苏州市，最早建于明代，是江南古典园林的代表作品。它跟我们去过的北京颐和园、承德避暑山庄、苏州留园一起被誉为中国四大名园，是全国重点文物保护单位，很有文化价值，不仅能供大家旅游、参观、学习，还能让我们感到很自豪是不是？"

如果父母经常和儿童进行精加工风格的谈话，那么，儿童在3岁的时候就能参与有关更长、更详细事件的谈话。由此可见，亲子之间精加工风格的谈话不但促进了孩子的思维，巩固了孩子的记忆，同时也丰富了孩子的表象。

自言自语：内部语言向社会语言过渡

宝宝自己玩玩具，手里拿的是一辆小汽车，一边玩儿，一边说："开着小汽车出去玩儿，呜呜呜，哇，这边，这边，红灯，停下，哦，追尾了。"

没有听众，只有他自己，幼儿就能够说得很起劲儿，这说明儿童的语言发展是内部驱动的，有一定的规律性。

语言是一种适应社会的工作。语言的发展需要一个过程。3～4岁，是宝宝语音发展最为迅速的时期，他们的发音技能迅速提高，特别是韵母发音的正确率已经比较高。所以，他们玩耍的时候嘴里说的什么，大人可以听得很清楚。这个年龄段的幼儿，词汇已经掌握了1200多个，主要掌握的是实词，以名词、动词和形容词为主。词汇量的增加使得幼儿更容易表达思想，虽然说出来的话以简单句为主，但是修饰词却不断地增加。

此时，孩子已经掌握了词语、语法、句法，虽然处于比较简单的阶段，但却表明孩子进入了社会语言阶段。他们开始用语言与大人沟通，还会翻着绘本讲故事，会问“为什么”，而且大人能听懂。

孩子为什么会一边玩儿一边自言自语呢？关于这个问题，社会文化发展理论的代表人物维果茨基认为自言自语是儿童交流的一种特殊的形式——自我谈话，它在内部语言向社会语言的过渡中具有重要作用。维果茨基是苏联心理学家，致力于研究影响儿童认知发展的社会和文化因素。关于儿童自言自语的过渡意义，有多项研究支持维果茨基的观点。有一项研究显示，多数善于交际的儿童，特别是那些参与过很多社会交流的儿童，往往更多地进行自言自语。

不管跟谁说，只要是说，宝宝的思维就在活动，就在运用语言表达，对语言的发展就会有促进作用。现在，在外语学习中，一些专家主张为了锻炼口语能力，可以和自己对话。

当宝宝一边玩儿一边嘴里念念有词的时候，父母不要打扰他们，让他们尽情地玩儿、尽情地说。

宝宝进入语言发育的爆发期，口头语言表达能力已经很强，大部分宝宝能够准确表达出自己的意愿，说明他们已经能够很好地区分开自己的想法不同于父母，这样的能力使他们更具有反抗父母的能力，当父母的做法违背他们的意愿时，他们会大声表达出自己的想法。如果父母不理解他们的意思，他们还会试图去解释。

宝宝的情绪与情感

发展宝宝的同理心

一个小孩拿着灌满水的水枪在门口晃悠，看得出他在寻找目标。这时，他看到一个小朋友走过来了，赶紧躲到一段矮墙后面观察，小朋友越来越近，小孩端起水枪，冲着小朋友喷水了。小朋友被这突如其来的袭击吓着了，大哭。大人听到后，跑过来，看明白后，小孩的妈妈抢过儿子的水枪，冲着儿子喷起来，然后问他："以后还喷人吗？"孩子摇头。

三四岁的孩子很淘气，缺乏做事的经验，也考虑不到事情的后果，于是，就会做出一些令他人不快乐或者受伤害的事情，这个时候，父母要纠正他们的错误行为，让他们知道事情的结果，在此基础上发展孩子的同理心。

3岁以后，宝宝有了自我意识，能够把自己和他人区别开，开始专注他人，从此，也就有了社会认知。社会认知是关于他人的心理状态的认知，是指理解他人的心理状态并调整自身情感和意图的一种认知能力。同理心是一种社会认知能力，是一种能够感受他人感受的能力，能够设身处地感受他人的处境。同理心依赖于社会认知能力而建立。

心理理论是指个体对自己以及他人心理过程的觉察。由于儿童心理理论的发展，三四岁的孩子对自己以及他人的心理过程开始有察觉，父母较多地给他们展现个体的心理过程，包括认知、情绪情感、意志品质等方面，有利于促进孩子思考。

1.不要太急切

三四岁的孩子还处于思维的自我中心阶段，他们考虑问题往往从自己的角度出发，站在自己的立场上，认为自己怎么想，别人就怎么想，这样肯定会影响孩子去站到他人的角度考虑问题，所以，当宝宝太自我，不顾及他人感受的时候，父母不要太着急。

2.多从孩子的角度出发

当孩子做了什么事情后，父母从孩子的角度出发，描述一下孩子的所思所想，有助于孩子看清自己的心理活动。然后再告诉孩子，我们理解他，但是，如果他能考虑到别人的感受，就更完美了。

3岁的孩子对快乐所产生的移情能力已经能确定。当他看到小伙伴开心地跳起来的时候，他们也会跟着跳，并哈哈大笑。

3.给孩子讲讲父母的想法

当父母做出一个决定，可孩子并不喜欢的时候，可以耐心地给孩子讲讲为什么作这样的决定，是因为考虑到了很多人的感受，包括孩子本人，本着让大家都开心、不伤害任何人的原则才做出了这样的选择。

什么是自我意识情绪

情绪是一种普遍的、对于外部刺激事件的功能性反应，它暂时地整合生理、认知、现象学以及行为等渠道，以便促进对当前情境做出一种增强适应性、塑造环境的回应。

大约3岁的时候，儿童已经获得了自我意识，并掌握了大量关于社会可接受的标准、规则。这时，儿童就能根据社会要求来评价自己的思想、计划、愿望和行为，就有了诸如骄傲、内疚和羞愧等自我评价性情绪，也就是自我意识情绪。因为自我意识情绪的发展，孩子更善于观察父母的情绪。当他们看到父母高兴的时候，就会更活泼、更快乐，更敢于表达自己的想法。

幼儿期是儿童情绪发展的重要时期，因为这个年龄段的儿童的情绪逐渐趋于稳定，开始带有人格化倾向。儿童认识并理解自己的情绪才能更好地控制情绪，并对他人的情绪感知更加敏感。

由于早期的情绪体验发生在家庭中，因此，家庭成员间的关系、父母对孩子的关爱会影响到家庭氛围和儿童的自我认知。

1.搞好夫妻关系

现在有一句对父亲说的话："爱孩子，先要爱他的妈妈。"什么意思？要做一个好爸爸，先做一个好丈夫，只有搞好夫妻关系才能搞好亲子关系，因为亲密关系是一切关系的基础。其乐融融的一家人，一定是互相理解、互相包容、互相关爱的一家人。一家人较多地在一起，一起玩儿，一起旅游，有利于增进亲密关系和亲子感情。

三四岁的孩子精力特别旺盛，淘气，不再只黏着妈妈，还喜欢跟爸爸玩儿，爸爸不要嫌烦，多陪孩子一起玩儿。孩子淘气的时候，不打不骂，不发脾气，也是促进家庭和谐的关键因素。

2.搞好亲子关系

良好的亲子关系一定是建立在尊重的基础上的，父母对孩子较高水平的尊重，外加较低水平的控制，使孩子既能享受到自由，做自己喜欢的事情，又能习得规矩不危害他人，那么，亲子之间建立起的是一种民主、支持、尊重的亲子关系，孩子性格独立、乐观、积极、向上，有自尊。在与人交往中，较少感到自卑，也不会盲目地狂妄自大，非常有利于自我意识情绪的良性发展。

叛逆情绪达到顶峰

两三岁是宝宝的第一逆反期，3岁以后，宝宝的逆反情绪会变得更加强烈。他们可能一口一个"不不不""我就要……"，随时随地随处地表达他们的不服从和独立愿望，搞得父母措手不及。在没有心理准备的情况下，有的父母仓促应战，还真就搞不定。

夜幕降临，马上就10点了，琪琪还在玩儿，妈妈说："快点儿睡觉，明天还得早起呢！"琪琪说："我就不睡。"妈妈说："明天妈妈得坐公交送你去幼儿园，需要早点儿起床。”琪琪说：“我不坐公交，我不坐爸爸车，我不骑小黄车，我就不去幼儿园。”妈妈心里冒火，本想着他睡了，自己把客厅收拾一下，可到了这点他还不睡，还在鼓捣着玩儿，而且越玩儿越来劲儿。妈妈干着急没办法。

妈妈跟宝宝说点儿什么，宝宝就“我不”“我不”“我就不”，这样的情节对于两三岁宝宝的父母来讲一定不陌生，代表这个年龄段宝宝行为特点的剧情，每个家庭都少不了上演。虽然父母懂得这是宝宝独立、自主意识发展的体现，但有时真的很让人头痛。

宝宝再难搞，父母都不能让他们牵着鼻子走。父母阻止不了宝宝的自主需要，但是却可以满足他们的独立需求，促进他们的成长。

1.让他们做主

宝宝无非就是想体验长大感，那么，对于他们能够胜任和挑战的任务，父母就给他们做事的机会，给他们选择的权利。一家人想出去走走，先问宝宝：“你想去哪里玩儿啊？”宝宝说去哪里，只要他的选择符合客观现实，能实现就可以采纳。一家人出去吃饭，问宝宝想吃什么，只要宝宝的要求合理，就可以听从，然后就去吃什么。宝宝不想出去，那就买菜在家里做饭吃。当然了，当宝宝的要求不合理的时候，父母就跟他讲清原因，以更合理的选择满足宝宝。宝宝感受到了父母的尊重比较容易接受。

宝宝想带玩具出门，听他的，想带什么玩具就尽量带什么玩具。

2.不多说，果断带宝宝离开

当孩子一定要坚持去做一件一定会产生不良后果的事情时，如果劝说没用，那么，就带宝宝果断离开，去玩点儿别的。

比如，穿着厚厚的棉衣玩水，由于孩子的手脚运动能力不是很强，要完成复杂的动作有时很难成功，把水从水池里舀出来倒进盆里，至少重复十几次后，再把盆端走，这样的动作必然会弄湿衣服，洒到地上。即使大人跟他说许多次这么玩儿的后果，他都会以“不”这个词来回应，不如立即行动，把水端走，把宝宝带离现场。

控制宝宝的攻击性行为

许多愤怒的成人可以找到应对情境的方法而不会真的与别人打架，但是，三四岁的宝宝就不一定能够控制得住自己了。尽管孩子打架不会真的把谁打坏，但是会让挨打的人感到屈辱，有的孩子甚至会因此而消沉。

从孩子三四岁的时候起，父母就应纠正宝宝的攻击性行为，不让他们过于霸道，而是友好地与他人相处。

相关研究显示，欺负很少用于释放愤怒。父母也不需要用孩子小、不懂事来为他们的暴力行为开脱，及早控制、改变孩子的攻击性行为，增加他们的亲社会行为，更利于孩子的社会化发展，使他们长大后成为受欢迎的人。

1.当孩子粗暴地推开他人时

三四岁孩子的表达能力还不是很强，当与人发生争执的时候，还不能很好地跟对方讲道理，着急了、生气了的时候，可能就一巴掌拍过去了。

比如，一帮小朋友在沙滩上玩儿，其中的一个小朋友离开去小便，回来的时候看到自己的小铲子被小朋友拿去玩儿了，他心里不愿意，上来就推倒小朋友、抢过小铲子，搞得对方大哭起来。面对这种情况，父母首先要让孩子给对方道歉，让他明白一言不发抢过来就是粗暴行为，推倒别人就更暴力了。

总之，只要宝宝对其他人动手了，父母就要严肃处理，不打不骂地跟孩子讲道理、惩罚他，孩子就能记住并改变。

2.当宝宝欺生时

当几个宝宝一起玩儿的时候，如果有某个小朋友要加入进来，会有人不愿意，站起来收拾起全部玩具，不让新加入的小朋友玩儿，或者站起来伸开胳膊把新加入的小朋友拦在群体外边，搞得对方很不开心，胆小的小朋友直接就哭起来了。

虽然没有发生动手打人的情况，但是不允许他人加入也不是友好的表现，遇到这种情况，父母要介入，告诉宝宝：“大家都是朋友，一起玩儿才开心。”

宝宝会觉得跟熟悉的小朋友或者同班的小朋友一起玩儿更有安全感，所以，他们会拒绝跟陌生小朋友玩儿。过后，父母可以启发宝宝，告诉他："你跟晴晴是在公园里玩跷跷板认识的，对不对？然后，经常见面，一起玩儿，就成了朋友。"父母帮助宝宝回忆一下和小朋友的认识过程、一起玩耍的经历，慢慢地，宝宝就领悟到了，多玩儿几次，大家就是朋友了，所以，没必要第一次见面就排斥。

宝宝的行为表现与性格塑造

主动性：3～6岁，主动性vs内疚

心理学家埃里克森认为，在3～6岁，儿童的主要成长任务是获得主动感，克服内疚感。他们在日常行为中体验着“目标、目的”的实现，会有很强的价值感。现实生活中，这种主动感和内疚感的冲突构成了这个阶段的心理社会危机，解除危机的最好方法就是支持孩子去获取主动感。

如果这个阶段的危机得到积极解决，就会形成“方向和目的”的品质，成年后的人格倾向于自动自发、计划性、目的性、果断等积极的人格特质；如果这一阶段的危机得到消极解决，没有获得价值感，孩子就没有勇气去设想和追寻目标，而是常常因为内疚和害怕而止步不前。

幸福的人生需要积极的人格做支撑，抓住3～6岁这个年龄段发展孩子的主动性，等于为孩子未来积极品质的发展打下了一个良好的基础。所谓好的教育，就是在正确的时间做正确的事情，不错过最佳成长时机，孩子必然能够获得最好的成长。那么，3～6岁，如何培养孩子的主动性呢？以下几点非常关键。

1.给孩子去做的机会

父母以积极的态度对待孩子的行为，当孩子主动请缨去做什么时，即使父母对结果的预期不是很乐观，只要不会产生危险、不会有破坏性，就是弄乱点儿物品、浪费点儿东西，父母就可以允许孩子去做。

由于孩子的自我意识进一步发展，自我中心意识更强，更具有独立性，不按常规行事，凭自己的意愿和想象尝试新的方法，会有违背父母意愿、拒绝父母要求的情况出现，这个时候，父母不要强行和孩子对抗，更不要以命令、强硬的方式胁迫孩子，站到孩子的角度去思考，更容易放下自己的主观愿望。

孩子坚持去做就让他们做吧。对他们来讲，体验的过程使他们的想象力和创造力获得了发挥，他们体验到了价值感，因此而感到满足和快乐。

2.不断地给予鼓励

孩子想加入某个小朋友团队，和大家一起玩儿，因为陌生而信心不足，那么，就鼓励孩子几句："你那么善于合作，大家都欢迎你加入。""带上你的宝贝和大家一起玩儿吧。"

宝宝想和妈妈一样做个小馒头，那么，就耐心地教会宝宝怎么做吧。做完之后，肯定一下宝宝的工作，宝宝的眼睛里闪烁的"小星星"就是做事的热情和对自己的认可。

总之，不管宝宝做了什么，当作品出现的时候就是他们感受"工作"业绩的时刻，父母的肯定会增强他们的自我满足感，有助于他们形成积极的自我概念。

不拿别人物品：捡的也不可以带回家

从家的环境里走进幼儿园之前，一些宝宝身上可能带有一个陋习——见什么要什么，而且，要什么父母都满足。因此，他们养成了一种习惯，只要这个玩具家里没有，或者看到别的小朋友在玩儿就想要。想要的一定要拿到，否则心里不舒服。

在家里，可以哭喊着逼父母就范，到了幼儿园其他小朋友可不吃这一套，怎么办呢？

在幼儿园里，不可以翻别的小朋友的书包，老师和妈妈都教过，宝宝不会这么做。但是，当别的小朋友的小物件落在桌子上或者掉在地上，说不定宝宝就拿着玩儿了起来，然后，就带回了家里。有的小朋友心大，物品又小，比如，小贴画、小珠子、小卡片等，丢了不知道，那么，这件事情就可能这么过去了。

当这样的事情真的发生以后，如果父母没能及时发现，就容易形成"我捡的就是我的"的认识，给未来的教育打下了并不理想的底色。

如果父母告诉宝宝，看到小朋友的物品掉了，要告诉小朋友一声，或者帮小朋友捡起来递过去，这样，就不会被踩坏了。当不知道是哪个小朋友的物品时，就交给老师，一定不能带回家里。如果真的喜欢，回来告诉爸爸妈妈，爸爸妈妈会给宝宝买的。

日常生活中，父母要留心观察，一旦有这样的事情发生了，当时不要揭穿，更不要呵斥宝宝，而是耐心地教会宝宝怎么做，然后让宝宝送回去，宝宝就习得了正确的做法。不要觉得宝宝是“偷”，宝宝的是非观没有建立起来，他们的行为只是跟着欲望走，父母的做法是及时纠正宝宝的错误行为。

“自己的东西一定要带回家”，是宝宝不拿别人东西的前提。所以当宝宝要带着某个小玩具去幼儿园的时候，就给他带好了，同时要叮嘱宝宝：“放学了一定要带回来。”宝宝无数次践行了带出去、带回来的行为方式后，他就能够理解别的小朋友的玩具也要带回去，就不会私拿了。

在日常的养育过程中，父母也要避免宝宝要什么就给买什么的做法，如此溺爱只会导致宝宝控制不住自己的欲望，甚至觉得只要自己想要，别人的就是自己的，那么，在幼儿园里，看着别的小朋友自带的玩具好，就顺手带回来了。

爱的教育：支持、保护孩子的友爱行为

宝宝出生以后，就会以哭闹的方式向外界寻求帮助，即使为了满足生理需要，带给宝宝的也是爱的温暖。宝宝出生后，他们渴望父母及时地满足他们的需要，这样，他们感到舒服和安全，被爱的感觉萌发。宝宝才会以爱的方式回报父母，冲父母微笑、亲亲父母、听父母的话等。

妈妈和爸爸生气，妈妈哭了，宝宝立马走过去教训爸爸：“你怎么这样不听话啊！”然后，他又过来，拿纸巾给妈妈擦眼泪，口里念念有词：“别哭了，把眼泪收了。我给你拿好吃的。”

爱的能力来自被爱。苏联著名教育家苏霍姆林斯基说：“对悲欢的敏感和同情只能在童年时代培养。在这个年龄，心灵对人的苦难和不幸、烦恼和孤单特别敏感。”3岁前的宝宝，他们需要安全、舒适、被及时满足的环境，而且，宝宝年龄越小，对需要满足的及时性要求越高。

妈妈说一句或者给个不好看的脸色，他们都会哭泣。妈妈一句“你不听话，我不要你了”，会让他们产生被遗弃感，使已经产生的情感联结发生断裂，内心恐惧，觉得父母不爱自己了。

父母的爱带给宝宝生存的力量，让他们觉得这个世界是友爱的，他们自然就会去热爱这个世界。宝宝对爱的渴望很强烈，但是却非常容易满足。不过，只要他们的需要被忽视或者不被理解，他们就会非常难过。

宝宝的同情心被激发的时候，他们更需要父母的关爱，有时候父母可能因为宝宝的伤感来得太“无聊”而忽视或者斥责，那样的话，宝宝的内心被伤害后会变得坚硬，面对伤痛不再敏感。

两三岁的宝宝，看到小动物受伤了他们会很难过，会哭泣，而大人，即使内心涌动着无限的不舍，伤感情绪还是比不过孩子，很快地，这件事情就被俗世冲淡了，而宝宝却不行。

在3岁前宝宝的心中，动物和自己一样有喜怒哀乐，一样会疼痛难受，他们对于外界事物的痛苦经历会感同身受，外界给予支持与配合，宝宝就能够有力量战胜挫折，跨越痛苦的感受。

性别发展：3岁，达到了性别认识的同一性

性别意识指的是关于成为男性或者女性的意识，是男性或者女性的社会知觉。

刚出生的时候，孩子的性别差异主要表现在第一性征上。随着年龄的增长会表现在言语、行为、形象等各个方面，而且日益明显，这跟来自社会为他们设置的性别角色的影响有关。

在性别教育方面，3岁，儿童基本能够达到性别认识上的同一性。他们认识到了自己是男孩还是女孩，无论问多少次，宝宝对自己性别的认同都很稳定，绝不会出现今天是女孩明天是男孩的回答；对于男孩的样子、女孩的样子有个大致的清楚的区分。给男孩拿来一条裙子，他们会说“这是给女孩穿的”；认可、偏爱同性群体成员的行为模式，同性小朋友的玩法更能吸引他们。

人脑在加工信息的过程中，有一种加工方式叫自动化加工，这种加工方式几乎不需要注意，利用这种加工方式，儿童获得了大量的频率信息。儿童对性别角色的学习就可能来自大量的频率信息的加工。这些频率信息一方面来自社会对于他们的定位，另一方面来自他们对性别行为的观察，从而使他们模仿同性性别而不是异性性别的行为。

女孩出生以后，她们接收到的礼物大多是洋娃娃、花裙子等粉红色系的东西；男孩出生以后，他们接收到的礼物大都是汽车、火车、飞机、积木，衣服大都是蓝色等深色系的。

当宝宝稍大一些，会选择玩具了，如果他们喜欢玩女孩的布娃娃，这个时候，父母会扔给宝宝一个猴子或者熊之类的玩具娃娃。而当女孩玩小石头或者小汽车等，父母不会觉得有什么不妥。但是，大多数父母给女宝宝提供的还是毛茸玩具、芭比娃娃、布娃娃等，还有就是橡皮泥、剪纸等可以动手玩的玩具。

父母从性别出发选择玩具的行为对孩子也是一个暗示，他们不自觉地就会认为，女孩就该玩这些玩具。

玩耍的过程中，不同性别的宝宝也受到不同的引导。男宝宝玩沙、玩土似乎很容易被接受，正因为父母即使不愿意他们弄脏衣服也不得不接受他们在土里撒欢儿的态度，鼓励男宝宝在沙土的世界里驰骋，变着花样地玩儿。

一些研究报告显示，同性别的儿童一起游戏时，儿童比独自一人或与性别不同的儿童在一起时，更多地对新颖物体进行探究，在熟悉的玩具上所花的时间较少。当与性别不同的儿童在一起时，儿童玩耍时使用玩具的方法比独自一人玩儿时显著减少。

不要搞混职责上的依赖和关系上的依赖

妈妈经常会遇到宝宝依赖自己的行为，比如，出去玩儿时，宝宝会告诉妈妈“帮我拿辆小汽车”；吃饭的时候，宝宝明明已经能够自己吃了，却要求妈妈喂饭；宝宝和妈妈一起坐在沙发上，想要喝水，却让妈妈去拿。妈妈跟他说：“你自己来。”宝宝说：“妈妈来，我还小呢。”

3岁以后，如果宝宝偶尔有以上情况出现，可能是宝宝在重温自己小时候被照顾的感觉，可以满足他们。如果宝宝就是懒，不愿意自己做，而是依赖妈妈，那么，妈妈就该反思一下了。

有的时候，子女的依赖让父母内心很舒服，很有做父母的成就感。于是，不知不觉地就对孩子好过头了，导致孩子无法建立起他该有的独立和自主。

关于依赖，著名的心理学家亨利·克劳德博士从孩子对父母依赖的性质上做了区分，分为职责上的依赖和关系上的依赖。职责上的依赖是指有关孩子拒绝去做生活中他该负责的任务及工作，这意味着他想要别人替他处理他该做的事情。关系上的依赖是指个体需要与他人联结的需要。关系上的依赖促使生命个体卸下心灵的重担、软弱和需要，充分感受他人的爱，让内心更加满足。

亲子之间的安全型依恋关系，也是关系上的依恋。在婴儿早期，这份依恋表现为：对母亲表现出更多的微笑、咿呀作声、注视、依偎在一起、拥抱等行为，但对与母亲分离尚未表现出更多的消极情绪。

亲子之间关系上的依赖，不仅是孩子需要的，也是父母需要的。彼此温暖、相互牵挂的感觉无时无处不让内心处于温暖状态，增强了生活的勇气和力量。对于3岁前的孩子，父母不断地和他们产生情感上的共鸣，让他们感受到父母的爱，那么，孩子的内心世界就是丰富而温暖的，他们对于生活就更具有信心和勇气。

父母有责任帮助孩子整理出他可以做主和不可以做主的事情，以及他可以运用的能力范围，即使孩子是那么不喜欢大人阻止他们去做可能对他人带来伤害的事情，父母在这方面也该尽职尽责。当父母带宝宝在儿童乐园的沙坑里玩沙子时，如果孩子出于好奇抓一把沙子往空中抛去，这时候，一定要把孩子抱走，并严厉地告诉他这么做会把沙土扬到别人身上，落到眼睛里就更危险了，如果孩子不听劝，那么就剥夺他玩沙子的权利。

有一点需要搞清楚，培养孩子独立，并不是说孩子在自己能力达不到或者陷入困境的情况下也不可以放弃或者向父母求助。放弃和求助是一个人理性的体验，但不随随便便就投降是基本要求。孩子挑战任务的能力恰恰来自他们做事情的经历，大人给孩子机会，让他们自己的事情自己做，不包办、不娇惯，他们才会拥有对自己负责的态度。

父母爱孩子要摆正态度，要有个界限，不要以爱的名义做出耽误孩子成长的事情，比如，孩子要自己走路，父母担心孩子累，抱着他们走；孩子拿块抹布，要和妈妈一起擦地，父母不让；孩子喜欢喝果汁，就用果汁代替了白开水；孩子要什么就给买什么，丝毫不考虑家庭的经济收入……这些都是错误的行为，在生活中父母要杜绝。

宝宝的社会性发展与道德品质

第二次分离焦虑，宝宝入园时

宝宝刚入园的时候，会大哭、追着父母往回跑，有的宝宝在去幼儿园的路上就开始哭闹、要回家去。这个时候，宝宝哭，妈妈也哭。妈妈哭了以后，宝宝就哭得更厉害。

宝宝入园的最初几天，大部分宝宝都会哭，也会有以上行为出现，父母要力争让自己的表现更冷静、淡定，符合宝宝的心理预期，这样，宝宝内心有安全感，就有力量面对分离。

宝宝上幼儿园哭的原因，一是对陌生环境的恐惧，幼儿园离家越远、在记忆中环境越陌生，宝宝的分离情绪越强烈；引发宝宝焦虑情绪的除了和家人的分离，还有面对陌生环境、陌生人的焦虑。在陌生的环境里，生活内容也完全不一样，宝宝需要一个适应的过程，告别曾经熟悉的“舒适地带”，心里会感到不舒服，进而更加怀念熟悉的生活。陌生环境给孩子带来了很大的不确定性，在对新环境还没有熟悉起来之前，他们内心充满了不安，直到他们对新环境建立起安全感以后，他们的分离焦虑才会消失。二是宝宝和妈妈分离后，看不到妈妈，感到情感联结断裂，会因为思念妈妈而哭闹。经历一段时间后，宝宝认识到了这种时空分离没能阻碍妈妈对自己的爱，情感联结依然牢固，心里也就踏实了。

如何减轻宝宝的分离焦虑，是很多妈妈都要思考的问题。其中有一点，就是妈妈先要解除自己的焦虑情绪，坦然地面对分离。亲子之间的情绪是互相影响的，宝宝紧张，妈妈就会紧张；妈妈紧张，宝宝也会紧张。当分离焦虑产生后，影响的常常是两个人的情绪和行为。

妈妈理性地面对和宝宝的分离，分离前，妈妈跟宝宝讲清楚：“宝宝长大了，要去幼儿园了。在幼儿园的这段时间虽然宝宝看不到妈妈，但是妈妈依然很爱宝宝。放学后，宝宝就能和妈妈在一起了。”慢慢地，宝宝就能领会到妈妈话的意思了。妈妈下班回来后，利用在家的时间多陪伴宝宝，看宝宝玩游戏，接受宝宝的邀请参与到游戏中来，给宝宝讲睡前故事等，让宝宝充分享受妈妈的爱。这样，宝宝就能理解分离只是暂时的离开，妈妈还会回来。

有的妈妈受不了宝宝哭闹，如果学校有校车，就让宝宝坐校车，避免了在幼儿园门口的触景生情。当然，如果单单是为了避免宝宝哭闹而坐校车，倒不如给宝宝机会让他哭一哭、闹一闹，这样，宝宝因为分离带来的恐惧情绪被宣泄出来了，可以避免不良情绪积压在心中。

鼓励孩子，去与小朋友玩耍

3岁以后，孩子在家里待不住了，他们要出去玩儿，这使孩子与小朋友之间开始了更多的接触。由于3岁以后，宝宝的活动能力增强，活动范围增大，表达能力提高，使他们能够获得更多的共同参与活动带来的快乐。在3～4岁这个阶段，宝宝依恋同伴的强度显著增强，在家里玩儿的时候，他们会思念一起玩儿的小伙伴，要求去找对方玩儿。

从成长的正常发展来看，整个幼儿期，儿童的同伴关系会变得比以往密切、频繁和持久。在这里有个前提，就是宝宝有充分的与小伙伴交往的机会。

1.成长需要交往

有的父母觉得，孩子上了一天幼儿园，已经有充足的时间与小朋友交往了，在家的时间，就好好待着吧。如果问一个从幼儿园回来经常在外边玩儿的孩子：“是在家里待着，还是出去玩儿呢？”他们一定会说“出去玩”，因为他们还有充沛的精力需要出去消耗。

与待在家里相比，在外边玩儿的好处很多：可以避免孩子窝在沙发上看电视、玩游戏；可以避免孩子因为把家里搞乱而被父母埋怨，变得不高兴；可以接受开阔环境带来的感知觉刺激，尤其有利于视力的发展；在外边玩儿活动量较大，有利于晚上的睡眠，还有利于精神放松等。

2.鼓励孩子去交往

儿童只有在与同伴交往的过程中，才能习得交往的技能。从3岁起，父母要带宝宝出去和小朋友一起玩儿，特别是那些此前较少与小朋友玩儿、更多时间待在家里的小朋友，如果发现他们出来后还是一个人玩儿，不愿意走进小朋友中间，小朋友过来跟他玩儿，他也不动，父母更要多创造机会让孩子与小朋友接触。

3.带孩子去社交

家庭是孩子的第一个接受教育的环境，家庭的社交方式、社会活动参与度是孩子社会交往的模板，父母闭门锁户，与人合作、互动的机会少，孩子的世界里也不会有他人。这样的孩子可能会把自己与外界隔开，影响其集体意识的建立。

现在，各种以子女教育为目标的微信群、互动群非常多，大家以共同的兴趣爱好凑到一起，组织娱乐活动、就餐活动、外出旅行等，这些都是很好的促进交往的机会，不妨多带孩子参与。

当然，亲戚、朋友之间的日常交往，也需要带上孩子，让孩子在交往中认识到除了父母以外，还有很多人爱自己、关心自己，自己需要付出爱，与他们建立良好的关系。

促成宝宝的亲社会行为

3岁的宝宝已经能够做出亲社会行为。和小朋友一起玩儿，如果妈妈说："给小朋友一个玩具玩儿，大家一起玩儿。"宝宝就会拿一个玩具给小朋友。这种对行为者本身并没有明显好处，而给行为的指向对象带来利益的一类行为，叫作亲社会行为。研究显示，3岁儿童已经能够对他人受到的伤害表现出同情和支持，出现打抱不平行为。

1.给孩子积极的影响

研究表明，亲社会行为的发展受到父母、同伴及教师和社会环境的影响，通过树立榜样可以提高个人的亲社会行为。

父母可以直接教导孩子什么是正确的、可以做的，比如，和小朋友一起玩儿，可以分享玩具，不能抢玩具。一般情况下，孩子到了3岁都能够做到和小朋友分享玩具。

父母可以以自己的行动来影响宝宝，当邻居、朋友、亲戚等遇到困难，主动伸手帮一把；遇到路人问路，耐心解答等。

有研究通过让父母为孩子阅读故事书来训练孩子的移情能力，结果表明阅读组的幼儿帮助他人更快、更多，而且也更容易与人分享。父母多给孩子讲述一些亲社会行为的故事，比如，含有分享、合作、同理心、慷慨、助人等内容的故事。

2.正面强化

研究表明，正面强化的方式可以提高个人的亲社会行为的发生率。当宝宝做出了亲社会行为以后，父母及时地肯定并给予鼓励，有利于此类行为的泛化。

比如，宝宝带了好吃的去公园玩儿，看到小伙伴因为想妈妈，正在那里哭。宝宝走过去，拉着小朋友的手说："妈妈下班了，就回来了。来，我给你水果吃。"

遇到这种情况，父母当时就要肯定一下："哇，我家宝宝会照顾小伙伴了，太贴心了。"

3.玩亲社会行为游戏

心理学家詹迪勒发现，个体无论是短期还是长期玩亲社会游戏，都会表现出更多的亲社会行为。所以，父母不妨和孩子一起玩一些亲子游戏。

比如，让两个小朋友玩"扶起来"的游戏。雨过天晴，两个小朋友出去玩儿，一个小朋友不小心摔倒了，把腿摔破了。正疼得龇牙咧嘴的时候，另一个小朋友看见了，这个小朋友赶忙把他扶起来，搀着他的胳膊，一瘸一拐地去医务室了。

不稳定的自我中心性：观点采择能力

观点采择能力是主体能够认识到对同一个事物或事件别人可能会有不同的观点和看法，并能试图站在他人的立场上去看待问题的能力。观点采择能力与个体的自我中心化相对立，成长是一个去自我中心化的过程，所以，儿童的观点采择能力是随着孩子的不断长大而发展起来的。

宝宝越小，他们的自我中心性越强，情绪、情感越以自己的需要和感受为中心，这样的表现随处可见。有的宝宝看到新奇的玩具，想要，父母不给买，就会大哭大闹，觉得很委屈。有的宝宝出门就让大人抱着，父母反复强调抱不动了，他们也不自己走。

皮亚杰的理论认为，儿童在7岁前是自我中心的。意思是他们不知道别人的所思所想，不认为别人会与自己有不同的观点，所以，他们不能站在他人的立场来看待问题。

事实上，在3岁前，儿童的认知和行为中就已经表现出了非自我中心性。心理学家莫斯勒做过一项研究，他让2.5～6.5岁的儿童在母亲离开他们的短暂时间里，观看一段电视节目。等母亲回来后，母亲和孩子再一起看一次相同的节目，但是，这次只有图像没有声音。这时，实验人员问儿童："妈妈知道电视节目里的小朋友在说什么吗？"结果发现，在对这个问题的回答上，有一些4岁的儿童就已表现出了去自我中心能力的特点。

那么，3岁孩子的自我中心性是怎么样的呢？研究显示，3岁儿童的自我中心性很不稳定，有时甚至在同一个儿童的同一个行为中，包含着自我中心与非自我中心的两种成分。

当一个3岁男孩看见母亲哭泣的时候，他过来，一边给妈妈擦眼泪，一边说："别再哭了，你是不是想妈妈了？你妈妈一会儿就来接你了。"从男孩对母亲的同情和关爱中可以断定，他能了解到妈妈的情绪状态，这是非自我中心的表现。但是，他在判断妈妈哭泣的原因时，又把自己的经验投射到了妈妈身上，这又是自我中心的表现。

所以，虽然在3岁前的孩子身上可以看到非自我中心性的表现，但是，他们的观点采择能力还处于发展过程中，自我中心性很强，限制了儿童的社会交往、社会适应能力的发展。

当几个宝宝在一起玩耍的时候，有的宝宝不想玩儿了，就吵着要回家，这个时候，父母不要责怪宝宝，征求一下宝宝的意见："小朋友们还想跟你玩儿会儿呢？要不，再玩儿会儿？"如果宝宝不答应，就教宝宝："玩儿够了，要回家了，就跟大家说'再见'吧。"这样，宝宝就学会了怎么跟小伙伴告别。

宝宝的去自我中心化与他们的智力发展有关，也会受到父母引导的影响，所以，父母虽然不能强迫宝宝去自我中心，但是却可以指引宝宝在日常交往中多考虑他人的存在，从他人的角度考虑问题，这对宝宝去自我中心化有很大的推动作用。

3岁，如何引导孩子的羞愧感

道德在某种程度上表现为社会禁令，即个体不要做不符合社会道德规范或个人道德原则的事情，一旦做了就可能产生羞愧感，或者个体没有满足自己、他人的期望时，便会感到羞愧。

3岁孩子已经出现了萌芽状态的羞愧感，这个时候的羞愧感不是由于自己认识到自己的过失后才产生的，而是由成人的责备、训斥等刺激引发，含有难为情、胆怯的成分。所以，这个时候的孩子，往往在成人面前感到羞愧。五六岁以后，他们更容易在同伴面前表露出羞愧。

幼儿期的情绪逐渐趋于稳定，开始带有人格化倾向，父母可以从幼儿的羞愧感入手培养幼儿的道德感。

妈妈要喝水，水杯放在高处，宝宝不顾父母反对，踩着凳子去高处，杯子里盛满水，父母觉得很危险，不让宝宝拿，可是他坚持爬了上去。结果，杯子从宝宝手中掉落，摔碎了。宝宝大哭，一边哭，一边说："我的杯子，我的水啊。"

妈妈走过来，抱起宝宝说：“碎了，没关系，你还小。妈妈再拿一个杯子去就可以了。”

然后，妈妈告诉宝宝：“谢谢你，想帮妈妈拿杯子，不过，你还小，爬到高处拿杯子不容易，等你长大了，就能帮助妈妈去拿杯子了。”宝宝点点头，从那以后，就不再抢着做这类事情了。这个过程，帮助宝宝建立了一种行为法则：做事情要看自己的能力，超出能力范围的事情不要做，否则，就容易把事情搞砸。

有一点，父母必须明确，儿童只有形成了个人自尊感，理解了自己的各种品质，才能认识到自己的过失或者错误，才能从道德的角度对自己做出评价，才能理解哪些行为引起了成人的消极评价，并为此感到羞愧。

在幼儿阶段，自尊倾向于全或无：“我很棒”或者“我很差劲儿”。这个阶段孩子做的错事，绝大部分与道德无关，对他人的伤害也是无意识的，所以，父母太过严厉的责备，会导致孩子过于自责，对内心的打击过大，不利于自尊心的发展。

当孩子出现羞愧感的时候，父母就不要责备、数落孩子了，为了避免孩子出现“我很差劲儿”的自我评价，要告诉他们，只是因为他还小，所以做不了这么难的事情，为了不损坏物品，不要做超过能力范围的事情。但是，他这种要帮妈妈做事的热情是需要保护的，然后父母可以跟孩子商量：“以后妈妈回家，你帮妈妈拿拖鞋，好不好？”“妈妈吃水果的时候，你帮妈妈拿水果吧！”这样，当孩子为妈妈做过这些事情，被妈妈肯定后，就会觉得自己是有能力的，而不是差劲儿的，内心就会有满足感，就能客观地评价自己。

宝宝的游戏与亲子阅读

主要游戏形式之一：机能性游戏

按照认知发展为依据对游戏进行分类，机能性游戏是3～4岁宝宝的主要游戏形式，约占40%。机能性游戏是人的一生中最早出现的游戏，会伴随人的一生。

为什么这么说呢？宝宝出生几个月后，看到他们有了拍手的动作，随着孩子不断长大，他们还会拍手，而身边的一些老人在锻炼身体的时候也会拍手，以达到促进血液循环和小肌肉灵活性的目的。还有，有的人到了二十几岁才开始骑车，刚学会的时候，非常喜欢骑，也是处于机能性游戏阶段。

机能性游戏也叫功能性游戏、感知运动游戏、练习性游戏等，都是指由简单的、重复的动作所组成，是儿童发展过程中最早出现的游戏形式，其动因在于感觉和运动器官在活动过程中获得快感。比如，妈妈躲到宝宝身后，然后伴着一声“啊”突然出现，逗宝宝玩儿，宝宝频繁扭身找妈妈，就是一个功能性游戏，这样的玩法给宝宝带来了快乐。

3岁以后，宝宝的操作能力、身体运动能力都获得了很大的提升，在机能性游戏活动中，既包括小肌肉动作的练习，也包括大肌肉动作的练习，这种游戏可以练习幼儿的动作技能，使他们获得对于环境的控制感，发现自己的动作和物体的变化之间存在的因果关系。比如，带宝宝出去玩儿，有台阶的时候，宝宝会特别开心地上去下来，也是因为在动作中享受到了快乐。这个时候，不要嫌宝宝烦，要知道，游戏是幼儿最喜欢的活动，能够促进他们的身心发展。

因为3岁以后，宝宝的身体协调能力、认知能力、动作水平、社会认知等都还处于不断发展的阶段，机能性游戏在这些方面具有很强的促进作用，所以，引导和支持宝宝进行机能性游戏是促进他们成长的好方法。

宝宝用脚踢球，踢给另一个小伙伴，小伙伴再踢过来，在这个过程中，促进了宝宝对空间知觉的认知以及相互合作的技巧，更促进了宝宝动作水平的提升。宝宝还非常喜欢拍球，在拍球的过程中，小肌肉得到了进一步的发展，促进了视听、视动水平的提升。如果父母能够陪宝宝一起拍球，能起到鼓励的作用，会大大提升幼儿的兴趣和坚持性。

主要游戏形式之二：象征性游戏

象征性游戏是幼儿的主导游戏。按照认知发展为依据对游戏进行分类，象征性游戏也是3～4岁宝宝的主要游戏形式。象征性游戏也叫想象游戏、假装游戏或表演游戏，都是指幼儿对事物的某些方面进行“想象的改造”，比如，用一物代替另一物，用某个动作代表真实的动作，自己假装是别人或虚构的角色等。

象征性游戏在2岁以后开始出现，4岁以后是比较成熟的发展阶段，所以3～4岁是一个发展阶段。这个阶段正是幼儿认知发展进入前运算阶段的开端，孩子拥有了符号表征的能力。需要注意的是，这个阶段的表征能力属于象征性符号，只供个人使用的特殊表征，属于个人表征，要使宝宝熟练或者准确地理解、运用通用的抽象语言符号，还需要一个过程。

比如，父母经常可以看到宝宝抱着自己的小被子当宝宝，他们把被子抱在怀里哼歌哄睡觉；他们会拿着积木当汽车，在桌子上推着跑，碰到什么就说是撞车了；去外地旅游，进入美丽的园林，他们会说“这是我家的院子”，然后在石阶上躺下来。一般来讲，宝宝个体使用的象征符号在外形上与所表征的物体有相似之处。

象征性游戏还表现在宝宝模仿他人，比如，他看到妈妈做饭，也拿着勺子、盆子要淘米做米饭，在外边玩儿的时候，撸一把树叶要做饭；宝宝拿着香蕉跟妈妈打电话：“妈妈，下班早点儿回来，别忘了给我买巧克力。”

在象征性游戏中，宝宝通过扮演游戏中的某个角色或用玩具代替某种物品进行游戏，把自己看到的、期待的或者对现实生活的理解反映到游戏当中去。通过宝宝的游戏行为，可以观察到他们的心理活动。

比如，当宝宝把吸管叼在嘴里当烟吸的时候，可以料想宝宝看到某人吸烟被吸引后，有了好奇心，于是，就模仿了出来。如果他们不断地模仿，也就习得了这样一种行为。所以，当父母第一次见到后，就要耐心地告诉宝宝：“吸烟有害健康，会生病，所以，宝宝一定不要吸烟。”

如果父母看到宝宝模仿了某种好的行为，适时地给予肯定，能够促进宝宝养成好习惯。比如，当宝宝拿着笤帚学妈妈的样子扫地，其实地面很干净，宝宝一边扫还一边说：“我在扫地，谁弄脏了谁给我扫干净啊！”很明显，宝宝当时的行为不能给父母带来帮助，还可能搞乱一些地方，但父母要肯定孩子的行为，以保护孩子的积极性和主动性。父母可以对宝宝说：“宝宝懂事了，会扫地了！谢谢宝宝！”

给宝宝选择哪类玩具

宝宝的玩具选择权利受大人的主导性比较强，即使孩子自己选择，也是凭一时的兴趣，所以，如何选择一款利于孩子成长的玩具，父母还要多费一些心思。为3～4岁的宝宝选择玩具，要充分考虑到这个年龄段孩子的身体特点。这个阶段的孩子运动能力大大提升，但是动作还不够协调，表现为大动作的协调能力和小肌肉的操作能力都需要锻炼，玩具正好承载了促进宝宝锻炼的功能。

1.选择操作性强的玩具

为了促进宝宝运用双手来操作，可以为宝宝选择五颜六色的串珠、彩泥、拼搭类玩具等。当然，这个年龄段用的串珠也要比3岁前的小一些。

有了玩具不等于就促进了宝宝的成长，还需要宝宝在玩儿的过程中通过动作的操作来提升运动能力。这些都是能够通过宝宝的工作而做出一个作品的游戏，有一定的做法。为了锻炼宝宝的自由思考能力，虽然不主张限制宝宝具体怎么做，但还是需要遵守一定的规则，才能成为作品。

为了防止宝宝“三分钟热度”，在宝宝操作的过程中，需要父母的陪伴和引导，提升孩子操作的积极性，以及遇到困难的时候想办法积极解决的习惯。

关于彩泥玩具，除了自己按照图纸捏图形外，还有一种难度相对较小的玩法，就是带模具的那种。模具的造型很多，有各种各样的动物、植物，孩子只要把彩泥放进去，经过按、压，倒出来的就是惟妙惟肖的小植物或动物等造型。有的父母觉得这种类型对宝宝小肌肉的锻炼有限，其实不是这样，在对彩泥揉、搓、揪、填充的过程中，需要十指全部参与。而且，宝宝用够了模具，就会按照自己的想法塑形了。

2.选择运动性玩具

这个年龄段宝宝热衷于运动，但是运动能力还是不够强，表现在身体协调能力、动作的控制能力等还比较差，所以，要想在户外活动中锻炼孩子的大运动能力，可以借助一些运动工具，比如三轮车、脚踏车、滑板车、球类等。把宝宝带到宽阔的广场上，带上运动工具，宝宝就可以自行玩耍了。

有的妈妈担心人太多，会出现“撞车”情况，其实，宝宝的自我防范意识和安全意识很强，只要他们能够熟练操作，就能巧妙地躲开或者绕开他人。这个过程能极大地锻炼宝宝的身体控制能力。

决定未来阅读能力：阅读前技能

某一天，宝宝喊妈妈过来：“妈妈，这个字怎么读啊？快点儿告诉我。”妈妈走过去，看到儿子小手指着最左边的一个字问：“就是这个，怎么读？”妈妈读完，宝宝又接着点下一个，依照从左向右的顺序把题目上的字点了一遍。

儿童无意识地获得一些前阅读技能，比如，从左向右阅读、从右边最后一个字转到下一行最左边的字，以及字与字之间的距离，还有识别不同的字，辨别不同字的发音等。这些都是宝宝在阅读活动中无意识地获得的，没有人刻意地教宝宝。

1.培养文字知觉

如果一个孩子较早地就与绘本接触，妈妈朗读绘本的时候，他坐在妈妈身边看着，那么，他在两三岁的时候就能够复述绘本，随着年龄的增长，复述能力更强。到了四五岁时，他就能够认识好多字了。研究显示，幼儿园孩子学习文字的能力会影响今后的阅读成绩。但是，这并不是说多教孩子一些字就能提高他们的阅读能力，孩子的阅读能力与孩子对文字和书籍是否有兴趣、父母对阅读是否关注等因素有关。

所以，从小就给孩子读文字、多跟孩子进行语言交流，即使没有要求孩子背诵大量的歌谣，更没有一句话一句话地教孩子背诵，孩子听得多、复述得多，使他们对文字有很强的知觉能力，那么，一定有助于他们未来的语感发展。

2.培养语音意识

为什么语音意识能够提高阅读能力呢？父母大声朗读或者宝宝跟读出来后，他们能够意识到不同的字有不同的读音，这样的语音识别有利于宝宝辨认、拼写和阅读理解。举个例子，宝宝认识了“猫”字，有一天，他在书上看到“描一描”就读成了“猫一猫”。这个时候，父母把“猫”和“描”分别写下来，给他读一遍，他就能分清这两个字了。

有研究显示，3岁儿童对童谣的掌握程度可以预见到他们后来的语音意识和阅读准备能力。所以，多给宝宝呈现文字、读或者看，童谣、儿歌、童话、诗歌等都可以提高儿童的语音意识。

第5章

4~5岁儿童心理发展与科学教养

4~5岁，宝宝大脑发育接近成人，思维水平进阶到具体形象阶段，抽象逻辑思维开始萌芽，社会性的情感体验（委屈、羞愧、自尊、内疚）等开始发展并不断深化，有了一定的自律性，能认识到情绪与信念、期望之间的关系，他们的道德认知水平发展到了他律道德阶段，他们会觉得自己就应该服从权威，所以，这个阶段的孩子较之以前，听话了许多。父母带他们走进群体，和小伙伴、大人玩儿，都会省心很多。

宝宝的身体与动作发展

动作发展：身体运动系统开始整合

小脑位于大脑的后下方，其功能是控制身体的运动、保持身体平衡。负责联系大脑皮层和小脑的神经纤维虽然在出生后就开始髓鞘化，但是髓鞘化的过程直到4岁才能完成。髓鞘化的完成使幼儿的运动能力有了惊人的进步。

4～5岁是幼儿身高和体重发展相对缓慢的时期，运动能力继续增强，能用双脚交替下楼，跑步也比较稳健了。4岁左右，宝宝身体运动系统的各个部位开始整合，这个时候，身体各部位的协调能力大大提升，宝宝具备了向更高水平运动项目进阶的能力。虽然动作的节奏与协调性获得了改善，能够较好地控制自己的身体动作，但仍然缺乏流畅性，显得有些笨拙。

这个阶段的宝宝具备了用后脚跟倒退走、快跑、单腿跳、翻跟头、跳远、滑轮滑、滑滑板车、拍球、扔球、跳绳、使用筷子、剪纸、写名字、画简单的图案等能力，练习起来不厌其烦。

四五岁是基础运动能力发展的初级阶段，这一阶段的运动发展水平奠定了成年以后的运动发展水平的基础。很多人到了成年期运动能力薄弱、不爱运动，主要原因在于基础运动时期因为缺乏适当的运动环境、运动条件而没有使基础运动能力获得应有的发展。

小孩子都爱运动，从这个角度来讲，帮助宝宝学会通常的大运动技能并不是难事。比如，轮滑、滑板、游泳、跳远等。但是，对于一个精细动作发展得不是很快的孩子来讲，教他学会握一支铅笔则更需要一些耐心，或者采取一些鼓励措施，直到能够顺利操作，否则，孩子可能没有兴趣不断练习。

此时，如果着力培养，宝宝能够跳绳20次左右，有了他们特别喜欢的体育运动并且表现很好。比如，有的孩子可能跑步特别快，也特别喜欢跑步；有的孩子可能特别喜欢游泳，游起来特别熟练。

日常生活里，带宝宝出去玩儿，就可以带上他们喜欢的体育器材，让他们尽情地玩耍，如果还没到回家的时间，宝宝还想玩儿，可以让他们多玩儿一会儿，只要不影响第二天的正常活动就可以。

走在路上，如果遇到矮墙类低矮的建筑，宝宝会要求站到上面去行走，这个时候，如果不急着赶路的话，就带着宝宝走一走，这种脚尖对着脚跟直线往前走的形式，特别能够锻炼孩子身体的平衡能力，也符合他们当时的兴趣。

此时，可以对宝宝进行武术的基本动作和套路的训练，爬网、徒手爬高等以前不敢玩儿的项目，都可以训练一下。

应该具备的自理能力

妈妈要带宝宝出门，各自穿戴整理，妈妈说："宝宝，换衣服、穿鞋。"等妈妈穿戴整齐后，发现宝宝坐在沙发上慢吞吞地只穿上了一条裤腿，妈妈三下五除二帮助宝宝穿好出门了。一次次之后，妈妈发现宝宝永远是这样，不着急。后来，她问宝宝："你是不是在等妈妈帮你穿啊？"宝宝点点头。

在幼儿阶段，有一个非常重要的成长任务——宝宝的自理能力，涉及吃饭、洗手、上厕所、穿脱衣服、穿脱鞋子等。到了四五岁的时候，这些方面的能力如果还有欠缺，表明宝宝不但缺乏自我照顾能力，还缺少做事的积极主动精神，所以，父母不要抱怨，抓紧练习才是王道。

1.父母改变急性子，让宝宝自己穿

职场妈妈都非常讲究效率，在她们那里，时间就是工作绩效，她们把自己练成了"三头六臂"，快速完成已经成了她们的行为日常。她们忍受不了孩子一只胳膊一条腿的穿衣速度，以一举手整件衣服就套进去的速度取而代之。

时间省了，速度快了，宝宝的能力发展却落下了。如果自己的孩子还不能利落地穿衣戴帽，那么，就尽快给他时间练习吧。从穿好一双袜子、一件背心、一条短裤起开始练，不再嫌孩子慢，只要他在努力地穿，大人就用心地等待。

除了在家里练，也要和幼儿园老师商量一下，家园配合，一起练习，提高速度会比较快。

2.穿脱衣服比赛

孩子都喜欢有趣的事情，而且特别喜欢和父母待在一起，跟父母在一起玩耍对他们来讲是最快乐的事情，能够激发他们做事的热情。所谓寓教于乐，就是让教育内容富有乐趣，开开心心地来进行。

那么，就选择早晨穿衣服、晚上脱衣服的时间，一家人来举行一个穿、脱衣服大赛，如果谁在规定时间里第一个完成，就得到一颗“快手小星星”，累积到一定数量后，就颁发大奖。这样的活动对宝宝有很强的促进和激发作用。

当宝宝已经能够以正常的速度穿脱衣服后，说明宝宝已经熟练掌握了这项技能，接下来，就可以把活动内容转移到其他方面，比如洗小物品，收拾学习用品、玩具等。

热爱游戏和运动

4～5岁的宝宝酷爱游戏，他们能一个人玩儿，也能和小伙伴玩儿；可以在家里玩儿，也可以去户外玩儿。在运动方面，他们的运动技能也获得了提升，可以拍球、踢球、玩滑板、轮滑、武术等，如果有教练教，他们能玩儿得有模有样，而且会特别钟爱某项运动技能。

从学习简单的动作发展到复杂的动作技能，有的父母会想，从利于成长的角度来看，游戏和运动哪一项更利于宝宝动作技能的发展呢?

这个年龄段恰恰又是孩子游戏发展的高峰期，表现为对外部世界的掌握，而不是倾心于体育运动项目。游戏是幼儿自发的运动形式，在游戏中，幼儿身体的各个器官都得到活动，可以锻炼大肌肉群的活动能力，也可以发展手部的小肌肉，促进幼儿对于肌肉运动的控制和协调。

4～5岁的宝宝处于儿童运动发展的基础运动时期，在运动方面，宝宝的主要任务是学习多种动作的协调，在控制身体运动方面达到较好的效果。事实上，运动技能高的宝宝，他们的游戏活动也更加丰富和广阔。

举个例子，一个学了武术的宝宝，当他和小伙伴一起做游戏的时候，机能性游戏中，他可以做各种武术动作；在角色游戏中，他可以扮演武术教练、大英雄；在结构游戏中，他的动作更加灵活、有耐力；在规则游戏中，他能够更好地遵守规则。

一个设计得很好的、包括大量设备与材料的游戏环境以及成人的指导非常有益于幼儿这一阶段的运动发展，宝宝参加这样的游戏活动有利于帮助他们获取更多的运动经验。与丢手绢游戏相比，踩矮高跷、骑单车等运动更能让宝宝全身动起来，宝宝的收获更大。

所以，自己随意的玩耍和在教练指导下的体育运动都是促进宝宝动作技能发展的重要形式。宝宝玩儿得越多，收获越大。如果父母能够把某项运动技能巧妙地放置于游戏当中，宝宝学习起来会更有兴趣，进步也更快。比如，让几个宝宝一起骑车，你追我赶，大家更兴奋，正处于学习阶段的宝宝通过观察技术熟练的宝宝学得会更快。

带宝宝去旅游

如果一个孩子经常出去旅游，或者已经出去旅游过几次，那么，到了四五岁，假期来了，你的旅游日程却还没有启动，宝宝就忍不住了，他会问："妈妈，我们什么时候出去玩儿啊？"这个时候，聪明的妈妈就读懂了孩子的期待，会把近期的旅行安排告诉孩子。

旅游既是一件耗能的事情，又是一件赋能的事情。耗能表现在车马劳顿上，出门在外不比在家里，对环境的警惕性高，要坐很多车、走很多路、看很多新鲜事儿；而且，换个环境，兴奋加劳累，可能会出现休息不好的情况。以上几项对大人来讲都是个挑战，何况是四五岁的孩子。虽然累，但对成长来讲却是一个很好的锻炼机会，多运动有助于增强体质。

赋能表现在多方面：从孩子的角度来讲，换一个环境是很好的去习惯化的机会，可以激发他们的认知活动，不断地观察、思考，促进大脑发育，积累更多的思维表象；从亲子关系的角度来讲，置身于陌生环境，宝宝更依赖父母，父母保护宝宝的心愿更强烈，心贴得更近，同时，父母没有工作、家务压力，身处美好的景色中心情更好，即使宝宝有些小顽皮，他们也就视而不见了，宝宝自然觉得父母更亲切，更有利于亲子关系的发展。

除此以外，对于四五岁的宝宝来讲，如何让他们通过旅游获得更多的成长呢？

与待在家里相比，旅游是一个难得的具有特殊意义的教育机会。平时比较不容易解决或者解决起来效果不好的问题，可以选择在这个时间处理。

比如，这个年龄段的宝宝会跟父母提出在家养小动物的要求，父母可以利用旅游的机会，当遇到这些动物后，让宝宝仔细观察，跟他们讲一讲这些动物的生活习性，自然地，宝宝就知道了有些动物不能在家里养的原因。

比如，平时宝宝会问到一些省份的简称，当时告诉他了，可能记忆不牢固，到了那里，就跟宝宝讲一讲现在是哪个省的哪个城市，这个省的简称是什么以及相关的历史典故；到了景点，就讲一些相关的历史故事，这样不但能丰富宝宝的知识，还能提升宝宝的旅游兴致。

宝宝的大脑发育与智力发展

思维进阶：具体形象性

宝宝的思维从婴儿时期就开始萌芽，但是由于婴儿的语言发展水平不高，限制了他们思维形式的发展，在相当长的一段时期内都具有一定的直观动作性。

联结大脑两半球的神经纤维束——胼胝体的髓鞘化过程在婴儿满1岁的时候开始，在四五岁时获得长足进展。胼胝体能使大脑两半球皮层的信息相互沟通，对幼儿思维能力的发展起到了很重要的促进作用。此时，宝宝可以根据事物外部的、表面的、直观的特征来概括事物的整体特征，比如，宝宝让妈妈拿一个苹果，妈妈装作不知道，问他："什么是苹果啊？"这时，宝宝会说："那个圆圆的，红的。"他们没有跑过去拿一个苹果再跟妈妈说，而是凭着头脑中留存的对苹果的记忆的表象来表述，明显已经在逐渐脱离直观行动思维，开启了初步的信号表征方式。

宝宝开始较多地运用表象、言语以及其他的符号来表征内心世界和外部世界，只不过更加具有具体形象性，即使此时宝宝的抽象逻辑思维已经萌芽，仍带有很大的形象性。

宝宝饿了，想吃饭，可是妈妈还没有做熟，妈妈让宝宝等一会儿。宝宝拍着肚子说："我等不了了，你看我的肚子都瘪了。"宝宝拍肚子给妈妈看，就是想让妈妈看到瘪瘪的肚子后能明白自己真的很饿。

妈妈在忙工作，宝宝想让妈妈陪他玩儿，他走过来一边拉着妈妈的手把妈妈从椅子上往外拽，一边晃动手中的积木说："我想让妈妈陪我一起玩积木。"

很显然，宝宝在表达自己意愿的时候，是跟着行动来的，而不是采用跟妈妈讲道理的方式，也不是采用跟妈妈辩论的方式，更没有采用直接发脾气的方式。他们所采取的方式体现了这个年龄段的思维特点：逻辑思维萌芽了，但是还具有很大的形象性，直观行动思维在减少，以具体形象思维为主。

思维是借助于语言、表象或动作实现的、对客观事物概括的和间接的认识，是认识的高级形式。它能揭示事物的本质和内部联系，并主要表现在概念形成、问题解决和决策活动中。在思维活动中，人们需要对头脑中已有的知识经验不断进行更新和改组。对于4～5岁的宝宝来讲，他们头脑中知识经验的有限性决定了他们的思维活动与最高级的形式之间还有一段距离，但较婴儿期却有了很大的进步。只有尊重幼儿的思维特点，才能促进幼儿的思维发展。

能够用数数做加减运算

4岁以后，一些宝宝就能做简单的加减法了。比如，有人问他们："1+2等于几？"他们会数着手指头说："3。"大部分宝宝能够数数了，数到几十、上百或者更多。到5岁，大部分宝宝都能数到20以上，能够比较10以内的数字的大小。

他们对算术表现出了很强的兴趣，如果父母经常跟宝宝一起做算术游戏，就能够发现4～5岁的儿童已经具备了一定的反演能力。宝宝摆好3块积木。问妈妈："这是几块？"妈妈说："3块。"宝宝再放上两块，问："这回是几块？"妈妈说："5块。"接着，宝宝拿走2块后再问妈妈："这回剩下几块了？"妈妈问："你说呢？"宝宝说："3块。"此时的宝宝已经认识到了：加上再减去同一个数，保持原有数量不变。

磁共振成像研究表明，人们进行算术时前额叶、运动皮质、顶叶以及两个脑半球的许多其他部位都会涉及。所以，根据孩子的年龄特点，带着他们进行一些算术活动，不但有利于提升他们的数感，还有利于大脑发育。

1.点数

宝宝跟数字亲密互动的最简单的方式莫过于点数了。眼前摆着一些珠子、苹果等，让宝宝数一数一共有几个。这个数的过程就锻炼了宝宝的数数能力，提升了宝宝对数字的敏感性。

2.认数

有时，父母对宝宝数数能力的发展太过关注，会忽略宝宝认数的水平，从而导致宝宝对一些数字的认识出现错误。比如，6和9搞混，12和21分不清等。这些都是影响宝宝数字发展水平的关键因素。

为了让宝宝准确地掌握数字，平时，妈妈可以多让宝宝认一认数字。认数方法很多，可以从书中找出数字，让宝宝读；也可以妈妈写出来，让宝宝认。

3.纠正宝宝的数量概念

放学后，妈妈来接宝宝接晚了。宝宝质问妈妈："你怎么来这么晚啊？让我等了好久！"妈妈说："等了多久啊？"宝宝说："等了半个月。"

妈妈想抱着宝宝，宝宝不想让妈妈抱，找了个理由："别抱了，我都一米五了，太重了，抱不动。"

遇到以上情况不要笑，也不要挖苦宝宝，只要耐心纠正一下就可以。妈妈可以说："妈妈晚了10分钟，你就多等了10分钟。""你身高一米一，如果一米五的话，是到妈妈肩膀这里。好好吃饭，多吃蔬菜和水果，你很快就能长到一米五。"

开始关注时间了：珍惜时间

到了4岁，与时间有关的内容不断地被宝宝表达出来。"妈妈，明天是周几啊？""妈妈，还有几天就休息了？""爸爸，快点儿走啊！要不就晚了。"……

时间是一个十分抽象的概念，它没有直观的形象可以被人所直接感知，但是却可以计算多少。时间概念包括经验和逻辑两方面。经验时间指个体对事情的发生顺序和持续时间的主观经验。逻辑时间是指通过推理来推断出的时间属性。

虽然宝宝在1岁的时候已经建立起了对时间顺序的理解，但是，宝宝到了4岁的时候仍然不能完全借助自己的生活经验来理解时间顺序，在他们眼里，早晨、中午、晚上还不是一个时间关系的系统。

4岁的宝宝，送他去幼儿园的时候，他会说："妈妈，早点儿来接我啊！"

接回家后，他会说：“明天有雨，妈妈，我不去幼儿园了吧？”妈妈被磨烦了，顺口说一句：“好的，明天不去幼儿园了。”接下来，他说：“妈妈，你明天别又说去啊。”第二天，宝宝会说：“妈妈，你说的今天不去幼儿园了。”

虽然5岁前是儿童对一日之内时间顺序理解的快速发展时期，而对于一周和一年之内的时间顺序理解还存在困难。但是，有的宝宝已经理解了一周的时间。比如，他们会说：“今天，明天，后天，大后天。”他们还会问：“妈妈，今天周几？”如果妈妈说：“今天周一。”他再问：“明天周几呢？”妈妈反问：“你说呢？”宝宝会说：“周二啊，后天是周三啊。”

时间是一个概念，时间的特性表现在它是一种客观存在，却不是本来就有的，是人们根据物质运动来划分的，这种并非自然规则的人定的规则需要与具体的可观察的形象结合，才能够跟四五岁的孩子讲明白。这个可以用钟表度量的概念来讲，可以告诉宝宝一些更具体的时间概念，比如小时、分、秒。让宝宝明白一年等于365天，1天等于24小时，1小时等于60分钟，1分钟等于60秒。

有的宝宝会问一个问题：“1天有多久？”父母可以告诉宝宝，宝宝每天早晨6点钟起床，然后经历24个小时，到了第二天的6点钟，就是一天。如果家里有大钟面的钟表，可以给宝宝演示一下，一个钟面12个大格，每个大格里有5个小格，时针转动一大格是1小时，分针转动一大格是5分钟，分针转动一小格是1分钟，秒针转动一圈是60秒。这样，通过直观的操作，宝宝理解起来更加直观、具体。

当宝宝对时间有了这样一个理解之后，大人可以进一步告诉宝宝，时间不停地往前走，过了一分钟就少了一分钟，一个人一生的时间有限，要学会珍惜时间，明明半小时能吃完饭，就不要拖拉到1小时，要利用有限的时间做有意义的事情，人生才会更圆满。

自发地唱和跳：音乐敏感期

孩子天生就喜欢音乐，他们喜欢音乐是发自内心的情感体验。

不管是在家里，还是在幼儿园，大人放了音乐后，宝宝就停下了其他事情，然后让身体随着音乐摆动，这就是对音乐的感知和表达。而且，等他们听了几次后，就能不自觉地哼唱出来。宝宝玩儿着玩儿着，还会要求父母放哪一首歌或者曲子。

儿童是一个整体，发展是一个整体，他们在实践中获得的经验也是一个整体。在听音乐的过程中，可以激发儿童的思维和想象。如果只有音乐，宝宝会去感受旋律，在声音的跌宕起伏中去放飞思绪。如果宝宝听的是儿童歌曲，那么，他们在跟着哼唱的过程中，会去理解词语的意思，遇到不懂的，会问大人，这是一个促进语言学习的绝佳机会，而且宝宝不会烦，可以说是在玩耍中认识了字。

对于4～5岁的儿童，他们已经具备了一定的音乐欣赏能力，可以给他们听不同类型的音乐，比如，舞曲、进行曲、摇篮曲等。为了促进宝宝对音乐的理解，听音乐之前，父母可以告诉宝宝听的是什么音乐，名称是什么，还可以讲讲乐曲的创作过程。听的过程中，大人要鼓励宝宝跟着哼唱、用肢体动作表达。听完音乐之后，可以让宝宝讲一讲自己的感受。

宝宝多听音乐，多与音乐接触，有利于培养他们的乐感和对音乐的鉴赏能力。如果父母足够留心，当宝宝玩耍的时候，开始放歌，一首接一首，听到他喜欢的，他会停下玩耍，认真地听歌，还会问父母："这是什么歌呢？"过后，他还会要求父母再放这首歌，听过几遍后，有的宝宝就能哼唱了。

挖掘孩子音乐天赋的最好方法是让他们进入有音乐的环境，认识乐器、听乐曲、看演出、哼唱、表演等。所以，带宝宝参加一些音乐活动，可以接受音乐的熏陶，萌发对音乐的喜爱，打下学习音乐的基础。

日常生活中，当宝宝情绪不好的时候，如果和宝宝一起在音乐声中做游戏，会使他们不自觉地放下不开心，和着音乐舞动起来。宝宝玩游戏的时候，可以加入音乐元素，唱歌接龙、独唱表演、舞动等都是不错的选择。

宝宝的情绪与情感

拥有了情绪理解能力

宝宝玩了一会儿积木就放下了，妈妈觉得很奇怪，问他："怎么不玩儿了呢？"宝宝说："我待在家里没意思，想出去玩儿。"妈妈说："那你把这座楼房码好！"宝宝说："我今天不喜欢码楼房。"妈妈明白了，宝宝待在家里不开心，就不想码高楼了。

4～5岁幼儿能认识到情绪与信念、期望之间的关系。这具体表现为许多幼儿已经能从一个人的外部表现来推断他的情绪反应产生的原因，诸如：我高兴是因为我喝到了最想喝的果汁；彭彭摔倒了，很疼，所以他哭了；宝宝心情不好，所以，不想走路；妈妈想考个好成绩，虽然每天学习很累，也不觉得辛苦；我想吃块糖，可是父母不答应，所以，我心情不好等。

宝宝学会理解和调控自己的情绪有助于提高他们的社会能力，即发展与他人相处的能力；有助于他们引导自己的行为以及谈论自己的感受；使儿童能够更好地控制情绪，并对他人的情绪感知更加敏感。研究显示，那些能够在早期生活中经常与父母讨论情绪产生原因的儿童，在6岁的时候，往往能够很好地理解情绪冲突。为了促进宝宝情绪理解能力的发展，在日常交往中，父母需要多多关注宝宝所处情境中的情绪。

1.解释情绪

妈妈自己心情不好的时候，不要冲着宝宝发脾气，而是告诉宝宝："妈妈身体不舒服，心情不好，你自己先玩儿，妈妈休息一会儿，就陪你玩儿。"妈妈告诉宝宝自己心情不好的原因，让宝宝给妈妈安静一会儿的机会，就是在传递给宝宝一种处理情绪的方式。

2.描述情绪体验

由于言语的发展，幼儿学会了更多的表达情绪情感的词语，并经常用这些词语描述自己和他人的情绪体验。当宝宝描述自己的情绪体验的时候，父母要给予回应。

比如，宝宝说："好烦啊！"父母可以回应一下："宝宝不开心了啊。"当宝宝摔打玩具的时候，父母可以说："宝宝不喜欢玩具，玩具好伤心啊。"

3.预测情绪

面对即将发生的事情，如果父母能够根据以往宝宝的表现做出推断，不妨打个"预防针"，以免宝宝到时候情绪不良。

比如，宝宝想带玩具出去遛弯儿，平时，他走几分钟就不走了，想让人抱着，妈妈可以提前说："遛弯儿可以，要围着小区走一圈儿，都不能让妈妈抱着。累了，不能闹，要坚持走回来。"宝宝答应了，事情就好办了。

4.影响情绪

当两个小朋友在一起玩儿，发生了争执后，一个因为委屈哭了，另一个往往也随之哭了。其实，宝宝之间的情绪影响力很大。当宝宝哭泣的时候，父母跟宝宝说一句："别哭了，你看小朋友也哭了。"这样的止哭效果比较好。因为4～5岁的宝宝已经开始能解释、预测和影响别人的情绪了。

发脾气：宝宝的撒手锏

宝宝的行为表现与父母对宝宝的教养密切相关。

乔乔4岁，每天晚上睡觉前，都要妈妈陪着，不管妈妈有多么忙，都得放下手上的事情，陪他睡觉。如果不陪，他就大哭或者躺在床上大喊。有时，还光着脚从床上下来，站到妈妈跟前哭。乔乔一哭，妈妈只好放下手上的事情来陪他。

每天，爸爸去幼儿园接小宝回来，都要买一根冰棍儿。如果不给他买，他就哭。大热天，站在那里哭，爸爸嫌麻烦，就给他买了。

很显然，上述两个宝宝的行为，都不是被期待、被鼓励，利于孩子成长的行为，可以说是偏差行为。偏差行为一般指的是宝宝在行为上失去常态，困扰了自己或他人，使自己难以适应生活。在宝宝成长的过程中，父母要帮助他们建立良好的行为习惯，避免出现偏差行为。

当宝宝以大哭大闹来和父母抗衡，以达到自己的目的的时候，父母正确的做法就是不要关注，关注其实是对孩子当时表现的一个鼓励和强化，让他觉得，只要我闹得足够多、足够强，父母就会就范。所以，采用忽视或者不理睬的方法，更能平息孩子的情绪。

就拿宝宝睡前哭这件事来讲，宝宝哭了，妈妈好言告诉他“妈妈有很重要的事要做，不能和你一起睡觉，你已经长大了，可以自己睡了”，然后，跟宝宝吻别，说“晚安”。或者，满足孩子的一个小要求，再陪伴10分钟，时间到了，果断说“晚安”，离开。这之后，宝宝可能会哭泣，妈妈都不要理睬，几次之后，宝宝就能独自睡觉了。

再说说放学后吃冰棍儿或者买其他的东西这件事，父母接宝宝的时候，就严肃地告诉他：“宝宝今天表现特别好，但是不能买零食，不买也不能哭，回到家，咱们吃好吃的水果。”如果他控制不住，仍然要求买，还哭闹，父母可以等他哭够，或者直接领着他回家。几次的拒绝之后，宝宝也就不要了。

知足可以常乐。现在的孩子生活条件那么好，他们知足了吗？父母给他准备了水果，他却要吃冰棍儿；父母给他洗完澡，讲了睡前故事，他却缠着妈妈不睡觉。为什么孩子有时不知足呢？就在于人的欲望无止境，特别是“本我”性还很强的婴幼儿，他们的行为缺乏社会性，需要大人的引导，大人千万不要被孩子的情绪牵着走。

允许宣泄：学会情绪调节

情绪是人类天性的一部分，无论在帮助个体解决问题还是人际交往方面，都能为人类带来一些好处。但是，这并不意味着人可以任由自己的情绪倾泻、泛滥，儿童也不能。在儿童的社会化进程中，情绪社会化是一项重要的内容，只有情绪实现了社会化，才能处理好人与人之间的关系，很好地在社会上生存。所以，培养孩子的情绪调节能力是一件绝不能忽视的事情。

情绪调节是个体管理和改变自己或他人情绪的过程，在这个过程中，通过一定的策略和机制，使情绪在生理活动、主观体验、表情行为等方面发生一定的变化。情绪调节的方式很多，比如，情绪宣泄、积极联想、自我暗示、认知重建、分散注意等。

情绪是一种内部体验，当情绪发生时，又会伴随着某种外部特征。比如，宝宝想吃冰棍儿，但是因为父母担心他着凉而被拒绝了，宝宝太期待那种冰冰爽爽、凉凉甜甜的感觉了，被父母拒绝后，他们痛苦的感受就被唤醒了，心里很难过，有些宝宝会因此而大哭。有些宝宝不哭，当妈妈告诉他们："吃冰棍儿太寒凉，对身体不好，会肚子疼，还是喝水吧。"他们就抑制住了内心对冰棍儿的渴望，而去喝水了。

虽然哭泣能够使宝宝吐露、疏解心中的委屈，达到心理平衡。但关键在于，当宝宝哭过以后，父母要转移他们的注意力，玩一些他们更感兴趣的游戏。

过后，父母还要跟宝宝讲一讲为什么不答应他的要求。父母说得有道理，宝宝就要接受。

虽然哭可以宣泄情绪，但是也不能让宝宝养成不满意就大哭的习惯。毕竟，哭是一种消极的情绪状态，当一个人处于这种状态时，容易失望、悲观，或者产生攻击性行为。长此以往，就会影响身心发育，甚至会导致心理疾病。所以，还是要培养宝宝以正确的方式宣泄负面情绪的能力。

1.转移注意力

宝宝由于某个不合理需求没有被满足而情绪糟糕的时候，大人带他去一个比较有趣的地方，玩沙或者玩运动器材，或者有很多小朋友一起玩儿，或者有花花草草，宝宝被新环境吸引注意力后，就容易忘记刚才的不愉快了。

2.跟宝宝谈谈快乐的事情

宝宝想吃冰棍儿，父母又不想让他吃。这时，选择一些跟诱发宝宝不开心事情相关的情境，帮宝宝回忆一下。那天，一家人去公园玩儿的时候，宝宝连续喝了三口水，还吐给了小花草一口。宝宝可开心了！因为他帮助小草“喝水”了。当宝宝想到曾经的快乐情境时，会觉得：“喝水也很好玩儿，很开心啊！”于是，他就能放下对冰棍儿的渴望，而选择喝水。

如何等一等：延迟满足实验

在19世纪60年代末，美国斯坦福大学教授沃尔特·米歇尔在一所幼儿园里做了一个实验，这个实验就是后来享誉全球的“棉花糖实验”。被试是幼儿园里几十个4岁的孩子，实验者让被试待在一个房间里，这个房间的布置很简单，只有一张桌子和一把椅子，不过，实验人员可以通过镜子观察到孩子们的表现。桌子上的托盘里放着一颗棉花糖。实验人员告诉孩子，可以吃掉这颗棉花糖，不过，如果能够等到20分钟后再吃，就再给一颗，就能吃到两颗；如果现在吃，就不能得到第二颗了。

面对实验人员制定的规则，有的孩子琢磨来琢磨去，还是控制不住自己，最后把糖吃掉了；有的孩子不断地想办法转移注意力，闭上眼睛不看棉花糖、头枕双臂做睡觉状、自言自语或唱歌，有的孩子成功了，有的孩子还是没有坚持到实验人员进来。

实验结束后，实验人员对这些被试继续跟踪观察，在实验过程中做到了延迟满足自己的孩子，上学后成绩更好，长大后更成功。延迟满足体现了孩子具备一定的选择能力、判断能力、权衡利弊能力、自我控制能力等。

自我延迟满足被普遍看作自我调节和自我控制的一种重要方式，不仅有助于解释人类的社会适应、冲动控制等复杂行为机制，丰富和完善个性理论，也有助于行为的有效预测。一系列的追踪研究表明，根据学前儿童的自我延迟满足行为，人们能够对成年期的社会适应和认知能力做出很好的预测。那些在四五岁能够抵制即时满足而获得延迟满足的儿童，10多年后在学业成绩、社会能力、应对挫折和压力等方面都有较好的表现。

关于延迟满足，对于3岁前的宝宝来讲，不是一件着急做的事情。为什么这么说呢？1岁前，是宝宝安全感建立的关键期，需要及时满足宝宝的需求，他们才会觉得这个世界是被信任的。如果宝宝安全感建立得很好，宝宝的性格积极、乐观，那么，到了3岁左右，面对宝宝的需求，如果不是特别急，不及时满足不会影响身体健康，这样的事情就可以延迟满足了。当宝宝在父母的提议下成功地“等一等”后，他们内心会产生一种满足感，这种美好的情感体验本身就是一种鼓励，被父母赞许后，就更具备“等一等”的心理能量了。

宝宝的行为表现与性格塑造

4岁，自尊发展的关键期

几个宝宝在一起玩儿，其中一个宝宝举着手里的玩具说："我今天在幼儿园表现好，这是妈妈送我的小汽车。我就要上中班了，我就是中班的大哥哥了，要给小班的弟弟妹妹做榜样。"

短短几句话，一个有分量的小男孩的形象跃然纸上。他的话语里表现出了他对自己表现、本领、能力的认可，以及对未来的期待。这是什么？这就是自尊心。自尊是个体对自我概念的评价，是对感知到的自己拥有的品质的评价，其实质是个体是否喜欢所认知的这个自己。自尊是个体主观上自我价值感的体验，是自我系统中的核心概念，反映的是个体主观上对自我的评价。

自尊心是心理健康的核心。自尊虽然是一种内在的情感，却影响着个体外在的行为。一个乐观开朗、遇事积极、不退缩，能够和小伙伴友好相处的孩子，会有较强的自尊心。相反，见人就往后缩，走路喊脚疼，学点儿知识心不在焉、被欺负了只会哭的孩子，他的自尊心发展不足，会自卑，对自己失望。

心理学家研究显示，4～5岁是幼儿自尊发展的关键期或者转折期。在这个阶段有60%左右的幼儿能够体验到自尊感，那么，在这个阶段该如何发展孩子的自尊心呢？

1.给宝宝表现的机会

四五岁的宝宝已经拥有了很多能力，让他们展现出来，给予肯定和赞美，宝宝就会觉得自己很行，能做事，就会对自己有个正面的评价，就有了自信。

他们有什么能力呢？自己穿衣服，洗袜子、手绢，帮父母拿东西，自己收拾玩具，唱一首歌给大家听，背诵一首小诗，讲一个故事等，都属于孩子的能力。

父母所要做的就是让他们在合适的机会展示而不是炫耀一下，孩子表现的过程获得了他人的认可，自己也感到了满足，成功的感觉使他们变得更自信、更重视自己。

2.鼓励宝宝挑战自我

有的宝宝天性胆小，即使能够做的事情，也不愿意参与，这样会导致很多的优势不能被发掘，很多的优秀品质不能形成，长此以往，就没了进取心。

任何时候，父母都是宝宝最有力的支撑，父母一句："儿子，试一试。你能行。"宝宝的勇气就来了。父母要明白，宝宝去做了，就是成功，即使效果不够完美也要竖起大拇指。毕竟有了"第一次"，等"再来一次"的时候，宝宝内心的参与感会更强一些。

3.顾及宝宝的面子

此时，宝宝很注意自己的形象，如果父母给予了他们负面的评价，他们会立马反驳。即使宝宝做错了事情，也不要当着外人的面指出来，可以找个私密的空间说。更不要当着很多人的面调侃宝宝的不足，被戏弄时宝宝可能出现不知所措感，也可能唤起他们不痛快的记忆，不利于宝宝自尊心的发展。

有的父母觉得宝宝太可爱，忍不住就用一些昵称来称呼宝宝，比如"臭蛋子""臭宝""大头"等。以前父母这么喊他，可能有的宝宝就默认了，现在再这么喊，他就会抗议，所以，还是喊宝宝的名字吧。

人小，也有责任心

孩子一出生，父母的心中就充满了对孩子未来的期待与祝福，他们希望孩子幸福，努力寻找正确的教养方式培养孩子健全的人格，使他们拥有做人、做事的水准。其中，有一项重要的品质——责任感，是每位家长都非常看重的。孩子有了责任感，才能对自己负责，实现人生的价值。

人活在这个世界上能生活得怎么样？生活品质如何？人生价值有多大？责任

心很关键！责任心是一个人品格和能力的承载，决定着一个人对目标、任务的执行力度。责任心强的人，即使目标任务有难度，也会竭尽全力去完成，去做好。有责任心的人，对自己、对未来要求很高，他们获取的回报也很高。

当一个人能够主动、自觉地为一件事情尽职尽责的时候，身上闪耀的就是责任心的光芒。对于四五岁的孩子，即使他们说不出“我要负责”，但是，当他们能够自己的事情自己做，认真去完成各种任务，以正确的态度去面对，开开心心地去幼儿园的时候，负责的种子已经在他们心中发芽了。

1.自己的事情自己做

“妈妈，你帮我吧。我没劲儿了。”“我还有事呢，你来做吧。”“我不会，还是你来做吧。”孩子依赖父母是天性，但是成长更是他们的任务。培养孩子自己的事情自己做的意识，这是对成长的尊重。他们懂得了自己的事情自己做后，就不会推托了，就愿意努力去完成了。

2.有标准，把事当事

对付着就可以交差了的心态不是热爱生活的态度，高标准、严要求才是上进的表现。要让孩子在做事的过程中建立起行为准则，从此以较高的标准要求自己，认真做事，去获取更加理想的结局，孩子才会把事当事。任何事情，只要重视了，就不会荒废。

就拿吃饭这件事情来讲，大人立下规矩，要求宝宝夹到自己盘子里的饭菜一定要吃完，不能剩下。慢慢地，宝宝就会慎重，吃多少夹多少。

3.弄坏了，怎么办

四五岁的孩子，身体的协调能力虽有一定的发展，但还是不够稳、不够有力气，加之很淘气，经常会出现摔了杯子、弄洒牛奶、踢坏了鞋子等情况，这个时候怎么办？

大人要让孩子明白，虽然他们是不小心才搞糟的，但是也要承担一定的责任。怎么惩罚呢？打骂不可以，但可以剥夺他某项特权，比如不能去游乐场玩儿；或者增加一些劳动任务，比如帮助妈妈扫地等。

培养自我控制能力

一个4岁多的宝宝，能够自己在一张纸上默默地描画二三十分钟，然后把图画送给妈妈，为的是表达妈妈对他的爱。因为妈妈生病了，还为他烤了好吃的面包。妈妈被宝宝的行动所感染，心情大好。

孩子是否有自我控制能力可以通过他们的行为观察出来，那些管得住自己、做事情有始有终、有认真的品质、不胡闹、不乱发脾气的孩子，往往拥有较好的自我控制能力。

研究显示，幼儿的自控能力和自我延迟满足能力发展得比较早，平均年龄是4岁。在这之前，宝宝的自我控制能力并不强，即使在老师教唱儿歌的时候，他们有时也会因为坐不住而站起来走几圈；他们还会丢下餐桌上吃了一半的饭菜，去玩一会儿新买的奥特曼。

幼儿的自我控制能力差与他们的大脑发育、神经活动特点有关。幼儿神经活动的抑制过程虽然在不断加强，但总体来说兴奋与抑制过程还是不平衡的，兴奋过程要强于抑制过程。而且，幼儿年龄越小，其抑制机能越差。从4岁开始，抑制才有明显的发展，大脑皮层对皮层下的控制和调节作用逐渐增强。

生理上的发育只是为宝宝自我控制能力的发展提供了先天的条件，结果怎么样，还需要后天的教养给予认真的配合。

1.不要打扰宝宝

宝宝画画或者搭积木已经持续了几十分钟，还在饶有兴趣地坚持着，说明他们对正在做的事情非常感兴趣，已经抵制住了外界的干扰、玩耍的诱惑，持续时间越久，他们获得的快乐越多，自我控制能力越强。所以，即使父母有事情，也要等一等，等宝宝停下来后再说。

2.善始善终的习惯

不管事情大小，只要做了，就坚持做完，这个过程是需要一定的自我控制能力的，而宝宝把注意力集中在正在做的事情上，这是一个提升自控力的过程。所以，当宝宝吃一顿饭、洗一件小衣服、拼一个图形、描一幅画的时候，如果中途不想做了，父母要陪着宝宝做完，并告诉他："做事情要有始有终。"如果遇到了困难，父母要耐心指导，鼓励孩子一步一步地去做。

3.做一些考验耐心的事情

生活中，有很多活动，能够锻炼一个人的意志品质，比如，串珠子、拼图、下棋、跑步、角色扮演等，这些活动能够从不同的方面来提升孩子的自我控制能力。

争吵后，怎么办：友好合作

4岁以后，孩子更加喜欢和同伴玩耍。四五岁的孩子较之以前，无缘无故发脾气的现象少了；动手打人的情况少了；小朋友之间一起玩耍，你推我搡的动手行为少了；但是，争执、吵架、抢东西的行为并没有减少。也就是说，攻击行为还存在。

研究显示，4岁之后，儿童的攻击行为大都发生在与同伴争吵之后。他们为什么争吵呢？可能是因为抢玩具，或者玩儿着玩儿着谁碰到谁了，或者在游戏过程中发生了意见分歧。当孩子在一起玩耍发生冲突后，最好的方法是让他们自主解决，冲突的自主解决过程就是培养幼儿换位思考能力和交往策略的过程，成人一般不要直接干涉。

不过，有时候一些孩子不懂得怎么处理，需要父母进行引导，帮助孩子习得处理同伴分歧的方法。

1.拉拉手

不管两个宝宝打得多么热闹，哭得多么伤心，有一点是父母要明白的：他们没“仇”，他们还渴望一起玩儿，希望发展友谊。大人安抚好彼此的情绪后，告诉他们出现这样的分歧时应该怎么处理，要商量出一个两人都认同的办法。

比如，两个孩子都想玩推土车，抢起来后，一个哭了。这时，大人要告诉宝宝：“这样抢，不是好办法，谁都玩儿不成啊。你们要想一个大家都能玩儿到的办法。猜拳或者轮流玩儿都可以啊。”

然后，让他们拉拉手，说一句：“明天继续玩儿啊。”这当然不是面子话，过后，一定要给他们创造一起玩儿的机会。

2.及时道歉

孩子们一起玩儿的时候，总会有不小心把谁弄疼了的情况发生，这个时候，不管是不是有意的，都要及时向对方道歉。这是让孩子在合作过程中要具有尊重意识，不能给对方带来痛苦。

比如，两个宝宝玩撞车，都拿着车撞向对方，很可能因为用力不当把哪里撞疼了，虽然不是有意的，也要给被撞疼一方道歉。

此时的宝宝，玩耍的对象多是居住得比较近的同伴或者幼儿园的同伴等，大家在一起玩耍的机会比较多，互相影响也比较大，只有彼此谦让才能玩儿到一起。

3.父母及时介入

此时的宝宝虽然喜欢在一起玩儿，互动频率很高，但是他们在游戏过程中的分工和目标还不是很明确，玩儿着玩儿着，就可能玩儿不到一起，吵起来了。这时，父母可以及时介入，看看领着他们玩儿能不能把游戏进行下去；如果不能，就把自家宝宝带走，等其情绪平复后，让他说出自己的感受，一起探讨下次再遇到这种情况该怎么办。

当宝宝告状时，大人怎么办

当发现某个人有某方面的缺点或者不足的时候，怎么办？在成人的世界里，大家崇尚包容、帮助的交往规则，如果此人屡教不改，顶多敬而远之，不去“踩雷”而已。

可是，在儿童的世界里，对于黑白分明的他们来讲，触犯了规则、做了错事就得“接受惩罚”，怎么惩罚？在4～5岁这个年龄段，告状的情况比较多，在家里他们向大人告状，在幼儿园里他们向老师告状。

幼儿的道德感在4～5岁就有了较为明显的发展，在幼儿园里或者多子女的家庭里，常常会发生孩子们相互之间告状的事情，孩子之所以要告状，在于看到别人做出伤害了他人、损坏了物品、违反了规则的行为后，内心很愤怒，或者对弱者表现出了同情，自己制止不了、对方不听或者不懂得如何制止，于是就去向老师或者大人告状了。

当孩子为了一些小事告状后，大人该怎么办呢？

1.不要质疑孩子的品德

从成人的角度来看，孩子告状并不是一件被期待的事情。因为孩子告状的这些事情，大部分已经被老师所熟悉，老师正处在努力帮助孩子改变的阶段；或者在大人眼里，被告状孩子的这些行为随着他们认知能力的提升会慢慢消失或者改变，不需要这么“大动干戈”。

即便这样，成人也不要质疑孩子的品德，在没有搞清孩子告状背后的心理需求时，只需要跟孩子说：“宝贝，小声点儿，我已经看到了，这么做确实不对。谢谢你告诉我，我们一起帮助小朋友改变。不过，要注意，你不要这样啊！努力管好自己，才是最棒的宝贝。”

大人让宝宝小声的态度，传递出来的是，这些事情不可以大声说，会伤害第三方的自尊心。慢慢地，宝宝领悟到了其中的真谛，就会小声说了。

2.孩子告状有理时，给孩子一个说法

有的时候，大家告状的对象是“小魔王”，其行为确实影响到了大家，有的孩子也确实被伤害了，大家制止不了对方的行为，这种情况下，孩子找大人帮忙很正常。大人的漠然可能会助长“小魔王”的负性行为，打击大家维护自身权利的积极性。

父母或者老师先要安抚一下大家，除了要制止“小魔王”的行为外，还要对他实施教育，让他明白自己错在了哪里，如何改正，并帮助他融入集体。

3.如何对待频繁告状的孩子

有的孩子告状频率比较高，真的是一点儿芝麻小事就告状，有人踩了他的脚、被挤到摔了跤、他的东西被碰了一下、被吵到了、被拿了物品等，只要有一点儿不随心，就会找大人或者老师告状。

面对这样的孩子，大人要注意观察，仔细了解，探求孩子行为背后的心理因素，看看他们是不是因为缺少关注而在寻求关注，或者因为嫉妒对方，爱较真儿，想要表现自己做得好等，满足了其心理需求，孩子的行为自然就发生改变了。

宝宝的社会性发展与道德品质

我是男孩：4～5岁，性别稳定性

奇奇坐在小公园的台阶上玩小汽车，他用小袋子装了好多小汽车出来。这时，过来一个小姑娘也想玩儿。妈妈说："给妹妹玩一个。"奇奇说："小汽车是男生玩儿的，女生不能玩儿。"

妈妈给奇奇买了一件粉色大背心，想做睡衣穿，款式有点儿女性化，但是男生也可以穿。妈妈给奇奇穿上后，他坚决要脱了。他说："这是女孩穿的。"妈妈好说歹说，男孩女孩都可以穿，他才没脱下来。

4～5岁的宝宝对性别的热情很高，关于性别的话题有很多。玩儿着玩儿着，他们会问妈妈一些特别的问题。比如："妈妈，小汽车有小鸡鸡吗？""妈妈，我小的时候也是男孩，是吗？"语言是思维的外化，说明他们开始思考、探索性别内容了。不管宝宝提出的问题怎么样，大人都要耐心地回答，给出科学的答案，千万不能跟宝宝说着玩儿，取乐。

4～5岁的幼儿能够理解人的性别不会随着年龄的变化而变化，也就是说在时间维度上一个人的性别是不会改变的。所以，他们绝不会今天说自己是女孩，明天说自己是男孩，也不会搞错别人的性别。宝宝经过了两三岁时出现的性别认同期后，就进入了性别稳定期，他们会认为不管怎么样，自己都不能变为性别相反的人。

但是，对于这个年龄段的宝宝来讲，他们还不能完全理解性别是不能改变的事实。要让他们认识到一个人换换衣服和发型，也不会变成另一种性别的人，可能会有一定难度。

宝宝对性别的认知过程就是性别角色形成的过程，宝宝在不断的探索中要明白，男孩是什么样的，女孩是什么样的。在他们小的时候，受自身认知水平的限制，在其形成的性别刻板印象里，男孩是胆大的、强壮的，女孩是柔弱的、依赖的，老师、服务员大多是女的，警察、飞行员大多是男的，妈妈是照顾宝宝的，爸爸是上班的。随着宝宝的不断长大，这样的认识会发生改变，最终会建立起正确的关于性别角色的认知。

既然宝宝的性别稳定性已经建立，那么，父母就可以在此基础上巩固他们对自我性别的认识，引导他们构建自身的性格特点。

什么促使了宝宝的道德发展

道德总是和各种禁忌联系在一起，限制或者禁止社会成员的不良行为，表现为不能这样或那样。

对于4～5岁的宝宝，他们已经有了道德意识，在这之前，按照皮亚杰的道德认知理论，属于前道德阶段，意思是儿童不能对行为的道德价值作出判断。在公园里玩儿，他们看到花好看，就想掐一朵，即使被父母训斥一顿，认识到这么做不对，他们也不一定会感到羞愧，而且如果以后没有被管着，他们还会掐花，但是，掐花的次数一定是越来越少，直到再也不这么做。

四五岁以后，宝宝的道德认知水平发展到了他律道德阶段，他们开始听从成人的管教，觉得自己就应该服从权威。很显然，这还没有达到一个人道德发展的基本水准。

一个成熟的人一定是一个道德的人，有着和社会要求相一致的内在道德标准，这样的人是自律的。按照皮亚杰的观点，宝宝要拥有自律能力，大概需要到7岁以后。他律显然是不成熟的。那么，这种不成熟表现在哪里呢？

在皮亚杰看来，首先，儿童认为规则是万能的、不可改变的。其次，儿童在评价行为时，往往抱着极端的态度，认为要么是好的，要么是坏的。也就是说，他们的道德判断是二值逻辑，只分好人与坏人，好事与坏事。再次，他们完全按照道德规范作判断，只重视行为导致的后果，而不考虑行为动机。比如，认为摔坏的杯子越多，行为越恶劣。最后，儿童把惩罚理解为天意。因此，这个阶段也称为道德现实主义阶段。

为什么从四五岁开始，宝宝的道德感开始形成呢？关键在于以下几方面的发展和进步。

1.自尊的发展

自尊是一种积极的自我体验，儿童只有形成了自尊感，理解了自己的各种品质，才能认识到自己的过失或错误，才能从道德的角度对自己做出评价，才能理解哪些行为引起了成人的消极评价，并为之感到羞愧。

当一个人不喜欢或者说厌恶自己的时候，他就失去了自尊，为了获取自尊，他会追求更好的行为，让自己满意。

2.规则的内化

4岁儿童开始认识到，遵守社会规则一方面依赖于有关规则的知识，另一方面依赖于遵守规则的意图。

日常生活中，父母需要不断地把一些规则渗透到孩子的日常行为当中去。比如："看一看，现在是红灯，我们要等绿灯亮了再过马路。""那位老奶奶走路不方便，还是坚持把碎纸屑扔到垃圾桶里，太令人敬佩了。"

3.羞愧感

羞愧是由儿童对事件的理解产生的。儿童要产生羞愧感，需要他们有自我意识，并且能够按照标准对照他们自身的行为，当儿童达不到这些标准的时候，就会感到羞愧。

儿童不是一出生就产生羞愧感的，从自我发展的角度来看，他们需要有自我意识，而且内化了一些标准、规则和目标，并拿这些标准去评价自己的行为，当自己的行为违背了道德的某些标准、规则和目标时，羞愧感就产生了。

炫耀，不是虚荣

炎热的夏天，大家在广场上玩儿，大家都说"好热啊"。其中一个小孩子说："我家里有绿茶。"的确，他的妈妈刚刚买回了饮料。为了不影响小孩，平时家里都不买饮料，这个孩子也就没怎么喝过饮料，所以，他觉得饮料是特别好的东西。家里有了，就在这里炫耀了。

其中一个小孩子的妈妈说："啊，你家有饮料啊，给我喝点儿吧。"刚才的那个小孩子立马说："喝完了。"大家都乐了。旁边一个大一些的男孩说："喝完了，你在这里说什么啊。"小孩子的妈妈说："我儿子最近可喜欢炫耀了，家里有点儿什么都到外边说说。"紧接着，一些妈妈就说："我家孩子也这样，可喜欢显摆了。"

从大人的视角来看，家里有什么不在外边说，跟人说了，就有分享的意思，如果不给人，就是显摆了，有些虚荣。可是宝宝不一样，他们说了并不是想跟人分享，也没打算跟人分享，只是想表达"我拥有这样东西，我享受过了"。宝宝这样的炫耀只是阶段性的表现，过了这个年龄段，或早或晚地就不这样了。

为什么会这样呢？这跟宝宝的自我意识增强有关，他们想要表现自我，渴望被大家关注。他们想表明自己有了更多的见识、有更美好的经历，表达出来，以此获得他人对自己的羡慕和赞许，这是自尊发展的需要，不是性格问题。只要父母引导得当，就可以避免宝宝虚荣心膨胀。

1.不要笑话宝宝

当宝宝有了什么心爱的物品去外边炫耀时，父母不要笑话宝宝太幼稚，更不要担心他们太虚荣会痴迷于物质享受，这么小的孩子，他们的着眼点更多的在于他们喜欢的东西，只要引导得当，不会影响个人品质的发展。

当宝宝开心地说出自己拥有的某个东西时，父母可以顺着他们的情绪给予回应。"哇，又买了辆新的自行车啊。这回要好好锻炼了。""妈妈给买了新衣服，宝宝很开心，是不是？妈妈太爱宝宝了！"

2.引导宝宝的分享意识

当宝宝要把自己心爱的小玩具拿到外边去的时候，父母要告诉宝宝："你拿出去玩儿，如果有小朋友想玩儿，你就要跟大家分享。不然，你就别拿出去。"

此时的宝宝已经能够理解大人的话，他们会做出选择，并按照约定来践行。

3.父母要以身作则

如果父母有什么优势，或者工作、事业比较好，当升职了、加薪了的时候，也不要到外边去讲，更不要在家人面前炫耀，以免误导了孩子。

父母以身作则，做个勤勉诚恳的人。在日常和孩子的相处中，即使孩子真的很优秀，也不要总是夸奖，太多的夸奖不但容易让孩子滋生骄傲情绪，也会使父母失去爱的尺度。如果为了增强孩子的自信，可以在宝宝做好一件事情后，肯定宝宝勤于做事。

拥有一定的社会交往能力

四五岁的孩子非常渴望社会交往，在家里玩儿的时候，他会说："妈妈，陪陪我吧。"听到外边有声音，宝宝会说："妈妈，外边有小朋友了，咱们也出去玩儿一会儿吧。"

到了外边，如果见到经常一起玩耍的小朋友，宝宝很自然地就玩儿到了一起。他们甚至会有欢呼、拥抱的表现，一副见到彼此很开心的样子。

如果到了外边见不到熟悉的小朋友，此时，也不需要妈妈打电话发出邀请了，因为孩子们已经具备了相当强的交往能力。有的宝宝会选一个地方坐下来，摆上自己带来的玩具，以此吸引小朋友。不一会儿，他就能凭借有趣的玩具进入新的小朋友圈，玩儿起来完全没有陌生感。

这说明孩子们很需要同伴之间的交往，而且他们掌握了一定的交往技能。在此基础上，父母可以进一步培养孩子的社会交往能力。

1.巩固和熟悉的小朋友的关系

此时，可以开启宝宝交往过程中的"姐妹团""兄弟帮"模式了，住得近的小朋友、幼儿园里的同学、兴趣班的同学等，都是很好的伙伴资源。父母较多地为孩子们创造一起玩儿、一起旅游、一起就餐等机会，使他们更多地增进彼此之间的了解，认识并适应不同人的不同脾气秉性。

2.合作意识

孩子建立与他人合作的过程，是一个克服、反思自我中心、自私、不主动等不利于交往的行为表现的过程，更是一个发展集体意识、学会共同做事的过程。

四五岁的孩子已经能够把合作理解为两个人一起做事情，那么，为孩子们设立一个目标，让他们共同来完成，在这个过程中，他们能感受到合作是朝着共同的目标而努力。

当宝宝一个人不能完成一件事情的时候，大人可以引导宝宝："找个人帮忙吧。"以此培养宝宝与人一起解决问题或完成任务的能力。

当儿童之间因为某事发生矛盾后，不要强行命令其中任何一个宝宝让步，而是寻找他们都能接受的解决方案。

3.多做亲社会行为

亲社会行为是指符合道德标准的行为，一切积极的、有社会责任感的行为都是亲社会行为。对于四五岁的儿童来讲，多做亲社会行为，比如，帮助他人、赞美他人、与他人分享、多合作等，不做攻击性行为，比如不动手打人、排队不插队、不抢玩具、不霸占玩具、不乱动别人的物品、不妨碍他人等，也能培养出很好的社会交往能力，在社会交往中就会比较顺利。

宝宝的游戏与阅读

社会性游戏：幼儿的主导活动

“妈妈，我要出去玩儿，我在家里待不住。”“妈妈，我要邀请小朋友来家里玩儿。”“妈妈，我要找大宝去玩沙子。”“妈妈，大广场是不是小朋友更多啊？”当宝宝经常说类似的话的时候，说明游戏已经是幼儿的主导活动，幼儿非常喜欢和小伙伴一起做游戏。

幼儿期是宝宝社会性能力发展的关键期。社会性能力一般需要在实际的交往活动中形成与发展，除去亲子之间、师生之间、宝宝与照顾者之间的交往外，社会性能力的发展还依靠同伴交往，在同伴交往中，游戏是主要形式。

1.放手让宝宝去玩儿

一般来说，由成人控制的、高度结构的环境比成人控制程度低的、低结构环境更不容易形成儿童的社会性适应行为。

现在的城市生活与过去的生活相比，在空间上虽然隔离了很多同伴间交往的机会，但是也创造了一些相聚的机会，使很多孩子能够在假日里、日常休闲的时光里聚在小区附近的小公园或者小广场上。孩子见面格外亲，认识得时间久了，也就熟悉了，会经常在一起做游戏。

这个时候，父母最好远远地看着，不要跟在宝宝身后指指点点，让宝宝自由结伴，爱玩什么玩什么。不管玩什么游戏，他们总会找到自己感兴趣的伙伴和游戏，而且玩儿得特别好。

有的父母担心宝宝之间会发生争执伤到碰到谁，幼儿玩耍的时候发生矛盾、冲突不可避免，但是受伤的情况极为少见。所以，与其看得紧，不如让宝宝自由发挥，更能锻炼宝宝互相理解的能力、相互协商的本领，学会如何去倾听他人的意见、了解对方的性格特点等。

2.给宝宝支着儿

宝宝与人交往，涉及引起对方注意、融入伙伴群体、使自己的想法被人接受等内容。这些看似不复杂，但是如果父母不提示，宝宝可能想不到。想玩儿，又加入不进去，宝宝内心会有失落感，在人际交往方面不够自信。所以，父母要及时捕捉到宝宝渴望交往的热情和交往失败后的失望，给他们支着儿。

当宝宝认识的小朋友比较少，宝宝又比较内向的情况下，可以选择跟自己玩儿的小朋友作为开发对象，玩具是最好的联络感情的媒介物；如果宝宝的性格比较外向，带上大家都在玩的滑板、轮滑或者皮球等，靠近大队伍，和大家一起玩儿，很快就熟悉了。

爱上了售卖游戏：象征性游戏走向成熟

宝宝在家里玩儿，玩儿着玩儿着就开始叫卖了。“卖玩具车了，走过路过不要错过，什么车都有，大铲车、公交车、校车，来买啊，都来买啊！”“卖鱼了，新鲜好吃的鱼，都来买啊。”他们不光叫卖，还要拉着家里人来买。当父母扮演成顾客后，他们叫卖得就更起劲儿了。

在外边玩儿的时候，几个宝宝一起玩儿，他们也会玩售卖游戏。他们拿树叶、小石子代表商品，拿着纸片当钱，有卖的，有买的，卖玩具、卖食品，玩儿得非常开心。

按照以认知发展为依据的游戏分类，宝宝玩的售卖游戏属于象征性游戏。象征性游戏在4岁以后进入比较成熟的阶段，除了促进幼儿符号表征功能的发展外，还有助于扩大幼儿的理解范围。宝宝与父母玩儿，有利于亲子关系的发展；宝宝与其他的宝宝一起玩儿，有利于同伴关系的发展。总之，不管与谁玩儿，对于宝宝的智力发展、规则学习、人际交往等都有着非常重要的促进作用。如果父母引导得好，鹰架好游戏的内容，效果会更好。

1.让游戏内容更丰富

儿子卖鱼，要求爸爸来买。“谁买鱼？”“我买草鱼。”“哎哟，草鱼就剩一条了。”“几斤啊？”“5斤。”“这么大，一条就够了！可以给杀一下吗？”“好，我给你杀了。”然后，两手张开，伸直手掌，冲着空气咔，咔，很利落地把鱼“杀掉”后，对爸爸说：“给你，去回家炖鱼吧！”过了一会儿，宝宝又问爸爸：“卖鱼了，买鱼吗？”爸爸说：“不买了，买了太多，吃不完了。”

过了一会儿，宝宝又要求爸爸买鱼。“老板，还有鱼吗？”“没了，我去给你捞啊！”然后拿起苍蝇拍，在空中挥舞几下，用手一拎，说：“给你，金枪鱼，新鲜的。”“小老板，你的鱼是从哪里捞出来的啊？”“渤海湾，那里有好多鱼。从家门出去，开车左转，直走，上高速，一直开，就到了。”

大人尽可能地扩充游戏情节，使游戏内容更丰富，你一言我一语，在这个过程中，促进了宝宝的思考，提升了宝宝对买卖这件事情的认识：作为售卖者，要有好的服务态度，要知道鱼是从哪里来的；作为购买方，要勤俭节约，够吃就行。

父母通过角色上正向的行为引导宝宝，能够促进宝宝习得积极的行为、品质。

2.打开知识链接

宝宝把自己的玩具车摆在小桌子上，推着售卖。“谁买车？卖车啰。”妈妈说：“这辆校车多少钱啊！”“8元钱。”“5元钱卖吗？”“不卖，就是8元钱，这个质量好。”“这辆校车可以开到哪里啊？”“能开到青岛、苏州、哈尔滨。坐车的时候，不要吵闹，否则会影响其他乘客的。”“青岛那座城市有什么好玩儿的啊？”“宝宝，还想再去苏州吗？”当然，知识点还可以做更广泛的延伸，回忆一下当地的名胜古迹、风味小吃、旅途中发生的有趣的事情等。这个唤起宝宝记忆的过程，不但能促进宝宝的思考，还能通过唤起宝宝美好的旅游记忆，培养宝宝对生活的热爱之情。

自读和成人讲读，哪个更重要

4岁以后，宝宝可选择的书籍大大增加，科普类的、童话类的、儿歌类的等，不管哪类，大家都知道宝宝喜欢选择图文并茂的图画书。

四五岁宝宝的认知特点属于前运算阶段，他们的思维已经表现出了符号性的特点，通过表象、言语以及其他的符号形式来表征内心世界和外部世界。所以，儿童对图画的叙述与表达有着天然的，有时甚至比成人还要敏锐的观察、发现与领悟能力。在与图画对接的过程中，他们思维活跃，这一点是可以通过他们的行为表现证实的。因为，他们能够按照自己的理解讲述图画的内容，连大人都被吸引了。

但是，这并不是说，给孩子买回图画书，让孩子自己读就可以了。幼儿在阅读图画书的过程中通常需要成人的参与，成人不仅会提供阅读方面的引导和协助，还能给予孩子情感和心理方面的满足。

宝宝和大人靠在一起，宝宝眼睛看着书，耳朵听着大人读，坚持时间久了，会有一个很特别的发现：某一天，宝宝指着某个字就能读出来了。平时，他们看到字，会指着问父母："这个字怎么读？"对于符号性表征能力还不强的宝宝来讲，在阅读的过程中，指给他们认就学习了字符，促进了他们的认知发展。

四五岁是宝宝认知发展的敏感期，在这个阶段，给宝宝创造一个认字的有准备的环境，宝宝学字特别快，可以说在大人不知不觉的情况下就认识了好多字。图画书就是宝宝识字的一个特别的环境，图画吸引了宝宝的注意力，文字激发了宝宝的学习热情。当父母读起来后，宝宝也就有了学习的机会。

从培养四五岁宝宝自主阅读习惯的角度来讲，宝宝需要自己读书，但同时也需要父母讲读。很多父母会有体会，当宝宝心情不好的时候、感到孤独的时候，如果父母跟他一起读书，会非常有利于他的情绪平复。这说明成人给宝宝讲图画书满足了宝宝心理和情感层面的期待和诉求。

在亲子阅读的过程中，大人和宝宝之间除了读书、看图外，还会表达各自的阅读体会，其间会有肢体互动、情感交流、对往事的回忆、对未来的期待等，在这个过程中，孩子感受到父母的爱，内心会无比温暖和惬意，阅读的兴趣和欲望会增强。有的时候，宝宝会自己拿一本书，对妈妈说：“妈妈，陪我一起读书吧！”宝宝能够主动去做一件事，说明这件事给他带来了快乐和满足。

各种形式的读书

宝宝到了4岁以后，听过、阅读过的书已经很多了，对于书、对于文字，他们已经有了较深的感情，愿意与书、与文字在一起，而且能够接受并创造各种读法、学习方法，充分表现出了宝宝对于符号学习的兴趣和热情，为大人指导他们读书提供了更加有利的条件。

1.接受孩子的指导

某一天，宝宝突然拿着一本书，用胖胖的手指一个一个点上面的字，让大人来读。这个时候，千万不要笑话宝宝，觉得他们太不自量力，竟然来考自己了。父母应以欣喜的态度接受他们的指导，透过他们好为人师的行为可以看到他们对学习的热情和自信，这不正是父母最初的培养期待吗？好吧，就接受他们的指导吧。

顺着宝宝的指点，父母跟着读的时候会发现，其实宝宝也在默默地读呢。他们模仿父母教自己读的样子来教父母，看似在教，其实也是在学。

2.听书

现在关于儿童读物的视频、音频内容很多，涉及诗词、古典文学、经典文化、古今中外故事、童话故事等，优质内容很多，清晨、睡前，或者业余时间，当父母没有时间或者精力给宝宝读书的时候，可以给宝宝放一放，让宝宝听一听。

宝宝喜欢重复听故事，而且喜欢听父母读，当父母读的时候可以在语音平台上录下来，当父母累了的时候，可以直接打开放给宝宝听。

3.表演出来

有的故事，宝宝听过多遍以后，能讲出来了。这时，父母不妨和宝宝一起表演一下，每个人分配一个角色，按照故事情节完全再现，或者只表现其中一个特别形象的镜头。在故事的选择上，以契合宝宝当时的行为习惯养成、不良习惯改变、良好品质塑造为标准，让宝宝通过对具体角色的扮演去感受是非标准。

4.讲书

宝宝一个人翻书看了一段时间后，他们可能就不想看了，这个时候，父母要把握住时机，让宝宝讲一讲书中的故事，他们会非常乐意。如果宝宝讲的时候，有漏掉的故事情节或者自由发挥的内容，都很正常，也不需要纠正。只要宝宝讲得出来，就有思考、有想象、有表达，就促进了智力发展，调节了情绪，消耗了体力，促进了宝宝的发展。

第6章

5～6岁儿童心理发展与科学教养

这个年龄段宝宝各个方面的特点已经显现，涉及智能优势、兴趣爱好、身体素质、性格初具的特征、交往能力、学习能力、行为习惯、品德发展等，这些都应是父母重点关注的内容，以便依此为宝宝制订成长、发展规划，为幼升小做准备。

宝宝的身体与动作发展

动作发展：性别特征显现

身体是一天一天地成长起来的，一年一个样，到了5～6岁，儿童的身体发育得更好，显现出了个体的性别特征，男孩更有男孩气质，女孩更有女孩气质。由于身体各个系统的发育，他们身体的耐力和免疫系统得到了提高，从而使儿童更加健康。

随着宝宝动作技能的发展，学龄前儿童不断整合他们已经获得的技能，从而掌握更加复杂的技能，并将各种运动技能联合起来，形成更复杂的动作系统。

与动作系统发育相对应的是宝宝大脑神经系统的发展，在这个年龄段，宝宝大脑的髓鞘化基本完成，使神经兴奋在沿神经纤维传导时速度加快，并保证其定向传导。神经通路对信号的传递更快速、更顺畅，预示着大脑的发育已经趋于成熟。大脑功能的发展为宝宝掌握运动技能、发起和控制某个动作或者某项运动提供了便利条件。

在大动作的发展上，5～6岁的宝宝能够迅速自如地奔跑，跑起来后，大人不用担心他们会摔倒。由于动作的协调性获得了提高，身体的平衡能力变得更好，他们能够拍球、踢球，并能一边走一边拍球、一边跑一边踢球。这一阶段的宝宝能连续走半小时左右的路程，能独脚站立10秒钟左右，能脚尖对着脚跟往后走，能够稳稳当当地跳绳了。

在精细动作方面，5～6岁的宝宝手指的动作更加灵巧，在这个年龄段，小肌肉正常发展的孩子会用小刀削铅笔，能熟练地用蜡笔、铅笔和剪刀，会正确地握铅笔，会画比较完整的小人儿，能用笔书写10以内的阿拉伯数字以及简单的汉字，能够在线条内涂色，能够用双手接球。手工能力也有了进一步提高，他们能够用纸折衣服、裤子、纸飞机等。此时的宝宝应该能够系扣子，如果宝宝能够自如而轻松地系上扣子，说明宝宝的手眼协调能力和小肌肉的协调能力已经达到了该有的水平。

也就是说，在这个阶段，宝宝已经掌握了一些技能，能完成一些需要连续性动作才能完成的事情。至于他们能做什么，会什么，却需要一个学习的过程。有的孩子能把滑板车滑得飞快，有的孩子却不会。不会的孩子是因为笨吗？运动天赋差吗？一定不是。像这种大众型的运动项目，只要玩儿，就会。有的孩子不会，可能是父母没有给孩子充分的玩滑板车的机会。如果一定要谈到天赋，只不过是不同的孩子学会的快慢、早晚有区别而已，但是，只要学，都能学会。

可以经常进行的运动项目

5~6岁的宝宝已经具备了一定的运动能力，可以进行很多常规的体育运动。此时，经常运动，养成运动的习惯，不但有利于身体发育，健康成长，还能提高身体的协调能力，改善情绪。

1.散步：可以多些花样

散步是老少皆宜的有氧运动。吃罢晚饭，孩子和家长一起，去街心花园、安静的甬路边散步，边走边聊聊幼儿园里发生的事情、唱唱儿歌、背诵一首诗，不但锻炼了身体，还融洽了亲子之间的感情，非常利于孩子的身心健康。

为了增加宝宝走路的兴致，提升宝宝身体的协调能力和平衡能力，可以走出一些花样，比如，倒着走、脚尖对着脚跟往后走、比赛走等。

2.骑自行车

骑自行车是孩子非常喜欢的一项运动，一帮小朋友在一起，你追我赶，特别开心，不知不觉就骑了好久，而且不会觉得累。骑自行车是有氧训练，通过腿部的运动，提高孩子运动的速度、反应的灵敏度和平衡能力。下肢用力蹬车，可以加速血液循环，刺激下肢骨的生长，有助于人体长高。

3.游泳

孩子们都喜欢玩水，教会孩子游泳不失为一项既有乐趣又能锻炼身体的活动。据国外有关专家研究显示，经过游泳锻炼的婴幼儿胃肠道激素如胃泌素、胰岛素释放增多，激素分泌增加了迷走神经兴奋，使食欲增加，并加强了对食物的吸收，所以婴幼儿的体重可增加，同时还促进了体内生长激素水平的升高，使婴幼儿生长速度加快。在德国，已有研究报告指出，游泳可增进婴幼儿的运动神经协调发育，提升社会交往的技巧。

4.跳绳

如果宝宝的协调能力不错，那么，可以教宝宝跳绳了。跳绳不但能强化心肺功能，身体各主要部分的肌肉，还可训练平衡感和身体的敏捷度。与其他的运动形式相比，跳绳是一项比较激烈的运动，开始前先活动活动，一定要做好身体各部位的准备运动，如肩膀、手臂、手腕、脚踝的活动。刚开始学的时候，宝宝能跳几下就跳几下，关键在于掌握动作，做到会跳。宝宝会跳以后，每天坚持跳一跳，他就会爱上这项运动。

另外，还有爬梯子、滑雪、扔套环、双杠、蹦床、滑板车等都是很适合这个年龄段宝宝的运动形式。

如何提高孩子的动作技能

此时，宝宝的运动能力大大提升，参与的运动项目也逐渐增多，父母要懂得如何判断孩子的动作技能发展情况，有的放矢地实施动作教育，以促进宝宝身心和谐发展。动作技能是个体在身体动作活动过程中所需要的各种能力要素的总和，其主要组成部分包括以下几方面。

1.观察身体协调能力与韵律能力

协调能力是指全身运动时若干肌肉或肌肉群同时协调作用的能力，韵律能力则表现为肌肉的流畅、均衡及平衡能力。

2.观察肌肉力量

肌肉力量是指使用全身或身体部分肌肉所发出的力量。

3.观察持久性

持久性是指在持续活动状态下，身体对肌肉疲劳所能忍耐的限度。

4.观察敏捷性

敏捷性是指开始运动或变更方向以及尽快调整位置的能力的机敏程度。

5.观察柔韧性

柔韧性是指关节伸张到最大极限或屈曲时，身体的任何部分仍然能轻易活动的能力。

6.观察平衡性

平衡性是指身体在与地板有些微接触的状态下，能维持其位置的能力。可分为静态平衡、动态平衡、物体平衡。

善于做一些事情：家务、游戏等

从宝宝生理发展的角度来讲，此时宝宝的身高已经达到了1米以上，高个子的可以达到1.3米左右，大肌肉和小肌肉的发展已经有了系统性的表现，他们将各种动作联合起来的水平大大提升。从心理发展的角度来讲，他们已经经历了自主性发展的关键期，正处于主动性发展的关键期。如果在1～3岁的时候，宝宝很好地完成了自主性发展的任务，他们就具备了自己的事情自己做的意识，而且拥有了一定的自我照顾能力。到了3～6岁这个阶段，他们热衷于做更多的事情，无论在家务方面还是游戏方面，父母给他们机会，让宝宝在做的过程中，充分体验实现目标、目的后的充实与满足，建立起价值感，有利于宝宝形成积极的自我概念。

那么，父母需要从哪些方面给他们提供做事的机会呢？

1.帮父母做家务

在一个家庭里，家务事是每个成员都该承担的分内事，孩子也不例外。对孩子来讲，多大孩子做多大的事情就是尽了一个家庭成员的义务。这个年龄段的宝宝能帮助父母做一些简单的家务劳动，如扫地、擦桌子、收拾或者摆放碗筷、清洁家具等。

2.照顾好自己的日常生活

宝宝自己能做的事情也不少，包括整理床铺、系鞋带、洗完澡后自己擦干身体、换睡衣、收拾好玩过的玩具、自己吃完一顿饭等。所谓自主地吃完一顿饭，包括到了开饭时间，主动坐到餐桌前，吃饭的时候，能够自己照顾自己，吃什么夹什么，不会掉落在餐桌上或者地上，如果有掉落，能够自己用餐巾纸擦干净。

有的妈妈说："我家孩子什么都做不好。"那么，妈妈就该自我检讨了，一定是自己没有给孩子做事的机会，他才失去了做事的热情，才觉得自己不会做。只有做过，才知道自己会做、能做，才会正确评估事情的难度和自己的能力。

3.玩得来游戏

不管是垒积木，还是滑滑板，或者玩陀螺，身边同龄小朋友在玩的游戏，都要有玩儿的热情，而且能够和小伙伴玩儿到一起。遇到一个新的游戏项目，小伙伴教一下，就能学会，而且有玩儿的热情。即使对什么玩法都好奇，都想玩儿，也有自己最热爱的游戏，玩儿起来特别投入。

玩游戏的能力是在玩儿的过程中建立起来的，所以，父母要给孩子准备游戏道具，让孩子拥有游戏伙伴，孩子的游戏天赋才能发挥得淋漓尽致。

宝宝的大脑发育与智力发展

自我中心：著名的三山实验

两个宝宝在公园里玩儿，起初，他们两个都在草坪那里玩草，用手拨拉，感觉草的柔软，偶尔还会摘一朵小花。玩儿了一会儿，其中的一个宝宝看到甬路上有好多小石子，就去玩石子了，一边玩儿一边说："哇，好多宝宝。这么大，我捡起来。"一会儿，另一个宝宝也跑过来，开始玩石子，一边玩儿一边说："我要盖座高楼，特别高，给妈妈住。"

观察儿童的日常活动，你会发现他们经常大声地跟自己讲话。即使几个宝宝在一起玩儿，也是自己说自己的。皮亚杰把这种语言称为自我中心言语。他说，儿童经常是"对自己说"，把头脑中出现的想法通通讲出来，不管别人听不听得懂。当宝宝处于自言自语阶段的时候，他们的思维是自我中心。

儿童的自我中心体现在认知、言语、情感和社会性发展的诸多方面。皮亚杰曾经做了一个著名的实验，叫作三山实验。在实验过程中，实验人员让被试围绕一个桌子看了一圈，桌子上摆放着三座不同的山的模型，然后实验人员拿出图片，让宝宝选出坐在其他位置会看到的模型的样子。结果，4岁的儿童只是选择了从自己角度看到的山的模型的图片。实验说明，这些儿童不具备观点采择能力。

儿童如何才能站到他人的角度考虑问题，这需要一个过程。皮亚杰认为认知发展和特定的社会经历——即与不同的争执——最终会导致自我中心言语的消失。当宝宝的自我中心言语消失以后，他就能够去注意别人的说法，在宝宝的世界里，也就开始有了他人。

成长是一个社会化的过程，宝宝只有走进社会，接触大人和小朋友，才能了解社会，习得社会规则。儿童通过与其他同伴争辩，不断地发现其他人的观点和自己的不一样。为了表达自己的观点，儿童就要想办法让对方听懂自己说的话，在这个过程中，自己的世界里就有了别人，语言去自我中心的过程，也就是儿童认知、情绪、行为等去自我中心的过程。慢慢地，儿童的自我中心语就被社会性言语所代替，这时儿童会根据听者调整自己的语言。

有个宝宝小的时候，喜欢动手打小朋友，妈妈教育了许多次后，宝宝类似的行为逐渐减少。3岁入园后，有一天这个宝宝被别的小朋友挠了一下，他并没有动手打对方。妈妈问他，他说："老师说了，小朋友之间要谦让。"

就这样，儿童不断地脱离自我中心，向自我评价与他人评价相协调的方向发展，具备了观点采择能力，对现实将会有个更客观的认识和评价。

思维的自我中心性

皮亚杰认为自我中心性是幼儿思维的又一个显著特点。2岁以后，儿童的思维表现出了符号性的特点，但是，因为儿童还不能将自我与外界很好地区分开来，总是站在自己的角度去认识和适应外部世界，所以，仍然是直觉性的，而非逻辑性的。

举个例子，宝宝站到高处的台阶上，然后挥舞着手臂大喊："啊，啊……"接着，他喊妈妈也上来，妈妈说："你自己玩吧。"他不愿意，从上面下来，直接把妈妈拉上去，说："妈妈，和我一起玩儿吧。"宝宝为什么会这样？因为他觉得自己玩儿得很快乐，妈妈也一定很喜欢。那么，借着孩子的心愿，父母就和宝宝玩儿起来吧。不要觉得这样会惯坏孩子，告诉他："哇，这么玩儿，妈妈也很快乐！"这样会让孩子的快乐加倍。

宝宝出去旅行，被美景震撼的宝宝可能会说："这是我家的院子。"这也是孩子自我中心性的体现。面对孩子这样的说法，大人没必要较真儿，只需了解到他体验到了美。看着他美滋滋的表情，父母说一句："你家院子太宽敞了，太美了！"

虽然父母是那么渴望孩子不要以自我为中心，但却无法让孩子在成长过程中跨越这个"以自我为中心"的阶段。皮亚杰认为，3～6岁的孩子以自己的观点为中心，而不能考虑其他人的观点。而且，年龄越小，自我中心性越强。

宝宝想要什么，如果大人不答应，他们就会大哭大闹。在宝宝的心中，自己想要东西就得被满足，要吃的是因为自己饿了，要玩儿的是因为自己喜欢，这些理由都很正当，大人不满足就是大人的不对，自己要反抗。虽然有的父母教养有方，孩子能听进去一些道理，懂得了一些规则，但是，孩子情绪上来了，还是会有听不进去的时候，这就是处于思维自我中心性阶段孩子的特点，他们无法从自己以外的角度去思考。儿童的年龄越小，他们越觉得任何人都知道他们所知道的，都相信他们所相信的。所以，当他们不被理解的时候，就会大哭大闹。

皮亚杰认为，当儿童的语言处于自我中心状态时，其表象系统也会具有自我中心的特点。

研究显示，4～7岁时，宝宝的言语变得不再那么自我中心了。当一个宝宝说了什么话，另一个宝宝说："你说得不对，不是这样的。"这表明宝宝注意到了别人的观点，而不是只关注自己的想法。所以，让宝宝经常和同伴一起玩儿，在游戏中沟通，即使会有打闹的情况出现，但孩子之间的游戏过程对他们的大脑也是很强的刺激，能促使他们的思维水平在相互碰撞中得到提高。

想象能力大发展：新颖性和有意性

心理学家在对一个人的成功智力因素的研究中，已经确定创造性智力是成功智力三种因素中的一种，创造性智力涉及发现、创造、想象和假设等创造思维的能力。五六岁的宝宝在对头脑中已有的表象进行加工、改造，形成新形象的过程中，表现出了很强的新颖性和有意性，这意味着创造性想象已经萌芽了。

五六岁的时候，宝宝想象的有意性已经相当明显。他们以大脑里留存的表象为基础，一般情况下，幼儿在想象活动前已经有了明确的主题。最突出的表现就是绘画，动笔前，要画什么，他们心里已经有数了，在画的过程中，会有"对不对"或者"行不行"的评价。

当然，在游戏活动中，宝宝的创造性想象也表现出了有意性。比如，宝宝对妈妈说："妈妈，我们一起盖房子吧。"宝宝要用的材料是什么呢？是一堆木块，在这里，木块成了建筑所要用到的所有材料，包括木料、石料、水泥料等。

房子是宝宝在此次建构活动中的目标，是一个非常明确的主题。

宝宝在建房子的过程中，不仅会把他们见到过的跟房子相关的位置、形状、格局等搬到游戏中来，还会创造一些新的内容。想象内容进一步丰富，涉及广阔世界里的诸多内容，而且会有情节，很新颖，很多时候会出乎大人的意料。比如，房顶上有个冰激凌机，可以制作各种口味的冰激凌。很显然，这样别出心裁的想象表达的是他们想吃冰激凌的愿望，很纯真，也很可爱。

在这个年龄段，宝宝的秩序感很强。当他们确定了行动目标后，整个行动过程就能够有秩序地按计划进行。比如，当妈妈陪着宝宝用积木搭房子的时候，在搭房子的过程中，如果妈妈放下正在搭建的房顶转而去搭建院子，那么，宝宝会说："先把房子盖完了。"这个时候，不要觉得宝宝多事，按照宝宝的意思去做就可以了。父母支持孩子，使宝宝的想法和创意得以实现，对他们来讲结果就是惊喜，能促使他们放飞想象的翅膀，产生更新的创意。

这个年龄段的宝宝想象力非常丰富，这是一个普遍的现象，但是具体到每个个体，他们的想象力水平又大不相同，那些见多识广、知识广博的孩子因为头脑中表象、言语以及其他的符号形式丰富，可供加工的材料多，想象力就强。所以，大人多带孩子出去玩儿，多旅游，多参加社会活动，多读书、多沟通，孩子更善于想象，创造力发展得更好。

多元智能理论：宝宝兴趣倾向很明显

到了五六岁，宝宝的优势智能已经能够显现出来了。宝宝是擅长数学、语文，还是运动、舞蹈或者音乐呢？寻找宝宝的优势智能有什么好处呢？该如何做才能找到宝宝的优势智能呢？

首先，父母要知道优势智能是什么，人的优势智能都有哪些内容。美国哈佛大学教育研究院的心理发展学家霍华德·加德纳将人的智能分为8个方面，即言语—语言智能、音乐—节奏智能、逻辑—数理智能、视觉—空间智能、身体—动觉智能、自知—自醒智能、交往—交流智能和自然观察智能。研究显示，每个人都会拥有一项或者几项优势智能，也会存在相对较弱的领域，这样的智能结构意味着每个人都是可造之才，都可能拥有某方面的专长。

好的教育就在于给每个孩子提供发展自己的机会，而不是把所有的孩子都往“数学马车”或者“科学马车”上驱赶，这么做的结局只会使一部分孩子因为不喜欢、学不来而不适应或者厌倦。

在幼儿阶段，该如何去发现并培养孩子的优势智能呢？在著名的“多彩光谱教室”里，儿童被大量用于启发其运用多种智能的素材所环绕着，这些素材具有很强的诱导激发儿童各自不同的技巧和智能的作用。对于五六岁的孩子来讲，他们本身就有很强的好奇心和探索欲，置身于这样的环境中，大约有1年的时间，就可以观察到儿童的兴趣和才能。

受此启发，父母不妨给宝宝提供更加丰富的环境，让他们接受不同环境的刺激，通过他们的表现去发现他们的优势智能。这个过程不是一次两次简单的观察，而是需要比较久的，随时随地的留心观察。观察结果的参考方式，一个是日常生活中宝宝的表现，这个不难理解，举个例子，一个五六岁的宝宝听了一首歌，几遍以后，他能哼唱出来，而且音调正确。那么，可以初步判定宝宝不缺少这方面的天赋。接下来，可以去专业机构接受培训或者学习，在良好的环境里，更利于天赋的发挥。

随着教育的发展，每个优势智能领域都存在着与其相对应的早期教育活动，到了五六岁，可以带孩子参加一些这样的活动，通过孩子的表现与发展以及专业教师的评估，更有利于鉴别孩子的优势智能。

语言表达成人化

此时，宝宝的语言发展已经到了出人意料的地步。大人们常常慨叹：“我家宝贝说话跟大人似的。有的话，我都不会说，他都能说出来，太喜欢跟他聊天了。”没错，此时，孩子语言发展的最大特点就是成人化。从5岁开始，儿童的谈话越来越成人化，越来越精准。他们会使用更长、更复杂的句子，更多地使用连词、介词和冠词。他们能使用复合句和复杂句。即使与人辩论，他们也不怯场，能够勇敢地表达自己的观点。

1.不要担心宝宝听不懂

当父母和宝宝聊天的时候，父母不要刻意拆散句子，此时，把长句变成短句并不是促进沟通的好方法，反倒是正常的表达更能促进宝宝的语言发展。在正常的语言表达中，一定会有一定数量的长句，长句的句子结构里包含较多的连词、介词，依据最近发展区理论，如果父母的语言表达有利于他们学习这些虚词的用法，就有利于他们更好地去掌握和使用长句子。

所以，父母最好以跟成人沟通的语言水平和孩子沟通，除此以外，多给孩子读故事、读诗歌等，都能促进他们的语言发展。

2.不露声色地补充或者纠正

宝宝喜欢并倾向于准确表达自己的想法，但是，他们的表达能力会出现跟不上表达需求的情况，这种情况下，他们往往会用一些自己记住的最近常说的一些词语来代替或者就直接空着，这个时候，善解人意的父母会默默地说出正确的词语，宝宝听到后，会重复一下，也就记住了。

3.已经是某个领域的“小专家”

这个阶段的宝宝涉及专业性的话题越来越多，如果大人能够耐心听一听，会发现，此时他们拥有的某个领域的知识甚至超过了大人，这说明，他们的理解能力已经很强了。

那么，当宝宝问到一些专业性很强的知识的时候，父母不要因为觉得他们听不懂而搪塞和回避，自己知道多少就跟宝宝讲多少，如果宝宝对听到的答案不满意，亲子可以一起查阅专业书籍、专业网站等。

宝宝的情绪与情感

关注孩子情绪背后的因素

有的父母觉得，孩子大了，就不能再像以前那样遇到事情就哭泣了，应该像大人那样有委屈忍下去。于是，当他们看到孩子不开心或者大哭的时候，不但不像以前那样贴心地哄一哄，还觉得很烦，忍不住就教训孩子几句。

举个例子，孩子玩乐高，想码个小汽车出来，可是，不管怎么努力，就是装不上方向盘。这个时候，孩子急得哭了。

从理性的角度去理解，自己装不上，着急，很正常，实在想不出办法，可以向大人求助。如果孩子没有这么做，而是急得大哭，有的大人觉得孩子太怂了，就训斥几句："哭什么哭，自己想办法啊！"然后，就去做自己的事情了。孩子还是在那里哭。

有的家长倒是没训斥孩子，而是帮助孩子想了一个办法，把小汽车安装好了，这时，如果孩子还是哭，家长就该生气了：问题解决了，怎么还哭呢?

情绪的发生离不开事件或者情境的激发，表达的是当时个体与外界的某种关联、涉及个体的认知、感受和行为倾向。所以，透过孩子的情绪表现去推导孩子的心理活动，有助于纠正他们的错误认识，预防错误行为的发生。

1.透过情绪找原因

有个孩子，妈妈让他收拾一下桌子，结果，他把彩笔直接扔到垃圾桶里了，妈妈让他捡起来，他就是不捡，还顶嘴，妈妈说他几句，他就哭。妈妈觉得这个孩子脾气太大了，罚他去反省。反省真能解决问题吗?

当孩子情绪不好，影响了入园、玩耍和日常生活的时候，父母不要简单化归结为孩子心情不好或者孩子坏脾气，那样只会导致因为坏情绪不断堆积后的大爆发。关注孩子的情绪，就是要寻找情绪背后的原因，是什么导致孩子心情不好，发脾气的呢？

和小朋友发生矛盾了？父母没有尊重他们的感受？因为某件事情没有做好被小伙伴奚落了？做什么事情遇到困难了……不管是什么因素导致了孩子的情感受挫，父母首先要做的事情就是帮助孩子宣泄掉负性情绪，改变错误的认知。

面对不同的事件或者境况，孩子会有不同的感受，不同的感受带给孩子不同的认知和行为倾向。

2.情感联结

不管这个年龄段的孩子多么迫切地需要与外界产生情感联结，他们都很依赖父母，渴望获得父母的关爱以巩固已经建立起来的情感纽带。那些经常有父母陪伴的孩子，因为安全感很强，更能以积极的心态与同伴相处，抵抗挫折的能力更强。

当孩子因为一件小事而伤心难过的时候，父母就该想一想，这段时间，自己是不是疏于和孩子在一起，如果是，那么就多陪陪孩子，一起聊天、玩游戏、旅游、读书、散步等，都是不错的相处方式，能让孩子感受到情感的慰藉。

了解儿童对社会情感的诉求

孩子到了五六岁，大多数的父母都遇到过类似的情况，孩子在家里玩儿着玩儿着就要出去找小伙伴，到了外边，如果没有见到熟悉的小伙伴，他们会很失望。如果遇到小伙伴，即使在玩耍的过程中发生了纠纷，回到家里也是开心的，而且，第二天还要出去玩儿。

在幼儿园里，如果小朋友之间发生了矛盾，不在一起玩儿了，有的小朋友就会因为没有了朋友而难过，并因此不愿意去幼儿园了。第二天，再去幼儿园，如果有小朋友一起玩儿，他们依然很开心。

著名心理学家马斯洛的需要层次理论里，基本需要的第三个层级是爱和归属的需要，表明一个人要求与其他人建立感情的联系或者关系，如结交朋友、追求爱情、参加社团并在其中获得某种地位等，这就是归属与爱的需要。

孩子要出去和小朋友玩儿，并希望得到小朋友的喜欢，这样的表现体现了他们对社会活动的渴望，并在此基础上获得社会情感需求。不管是儿童还是成人，都需要社会生活并在生活中与他人合作，履行自己的职责，从而产生道德感、价值感，这就是社会情感。社会情感和亲子依恋情感一样，是儿童成长过程中的必然诉求，与儿童的身心发展紧密相关，关系着孩子将来会成为什么样的人，能否快乐地生活在这个世界上。

1.带来安全感

社会情感与个人能力息息相关，人是群居动物，有很强的集体意识，他们需要从群体中获得归属感和认同感，而这样的情感是从群体生活中获得的，所以，社会情感能给人带来安全感。

婴幼儿和接受教育的儿童时期是一个人心理和生理的成长阶段，也是人生中最需要保护的阶段，这个阶段的孩子渴望与别人发生联系，得到别人的呵护，包括父母、亲戚、老师、小伙伴等。这种安全感满足了他们内心情感的需要，支撑着个体在所在的社会中顺利生活。

2.促进身体发育

孩子的年龄越小，他们的情感和身体联系越紧密。孩子们在一起跑跑、闹闹，游戏、玩耍、运动，这样的活动能够促进孩子肢体的肌肉、骨骼发育，有利于孩子学习动作技能，提升运动能力。

现在，孩子的玩具、运动器械很多，当这些东西摆在孩子面前的时候，他们可能没有多大兴趣或者没有玩儿的欲望，可是，当他们看到别的小朋友玩儿的时候，就会想玩儿，玩儿起来兴致也会很浓。所以，多带孩子出去和小朋友玩儿间接地促进了孩子的身体发育。

3.促进智力发育

孩子参与到社会活动中，丰富了大脑思维的表象，促进了大脑发育。孩子在与人沟通的过程中，需要运用语言。语言是文化的载体，是思维的符号，孩子运用语言与他人沟通，要组织语言、回忆事件、进行推理，这个过程促进了突触连接的形成，增强了个体语言、逻辑的发展，使相应脑区也获得了发展。

快乐因素：社会活动

随着孩子社会性的不断发展，他们情感的社会性不断增强，道德感、美感、理智感等高级情感萌发，这意味着孩子更在意他人对自己的看法、自己在他人面前的表现以及行为是否符合社会规则。孩子社会情感的发展与他们的社会化能力的发展密切相关，社会情感的高低就体现在他们的社会行为表现中。

一个刚入大班的小朋友，入园几天后，跟妈妈说："我不想去幼儿园了。"妈妈很生气地说："不去幼儿园去哪里？爸爸妈妈要去上班，没人陪你啊。"孩子说："我自己在家里玩儿。"妈妈说："不行，我们不放心。"

连续上了几天幼儿园后，这个孩子又提出不想去幼儿园。妈妈观察到孩子情绪状态不好，几天了都不高兴。于是，妈妈问孩子："你是不是在幼儿园发生了不快乐的事情。"孩子很委屈地抽搭："因为我打人了，变成暴力小孩了，小朋友们不喜欢和我玩儿。"妈妈说："你已经知道打人不应该了，犯错改了就好，小朋友们喜欢跟你玩儿。"

妈妈私下里跟老师沟通后，老师也做了小朋友们的工作，大家也不躲避这个孩子了。到了幼儿园里，有小朋友一起玩儿了，这个孩子才算快快乐乐地去上学了。

对于这个孩子来讲，当他经历过这件事情以后，他明白了，小朋友不喜欢打人的小孩，暴力会使自己没朋友，以后，再与小朋友发生矛盾时，他就会寻找其他的解决方法，而不是动手打人。

婴幼儿和受教育的儿童时期是一个人心理和生理的成长阶段，也是人生中最需要保护的阶段，所以，整个童年期都是培养儿童社会情感的最佳期，当孩子情绪不佳时，父母要多关注一下他们的社会生活。

1.多带孩子参加社会活动

任何一个团体活动中，都会有不同的人，带孩子参加社会活动，可以结识不同性格的人。孩子在与不同的人交往的过程中，了解人的不同，学习如何与不同的人交往，这个过程既具有挑战性，也具有成就感。即使在交往过程中会发生一些小小的摩擦、出现一些不如意，与一起玩耍的快乐相比，也是微不足道的。

2.和交往能力强的孩子一起玩儿

镜像神经元长在每个孩子的大脑里，孩子们通过观察他人的行为而互相学习，在与懂事、乐观、善于合作、大度的孩子交往的过程中，习得了积极的行为方式，有利于他们形成积极的自我概念。

如果孩子身边有乐观、友善的小朋友，那么，就带孩子和他多接触，玩儿的时间久了，就能成为朋友。友谊的纽带把孩子的心拉近，互相学习的机会就更多了。

要积极地倾听孩子

父母需要常常告诫自己，要尊重孩子。可是，现实生活中，当父母真正面对孩子的时候，有时不会听孩子去表达，只是一味地按照自己的主观想法去做决定，使被父母左右的孩子内心很不平衡。最要命的是，当孩子不被理解的时候，父母还不允许孩子反抗。

五六岁的孩子的表达能力已经很强，这个时候，他们能够充分地表达出自己的意愿、情绪、感受，当父母无法完全理解孩子的表现的时候，听听他们怎么说就显得特别关键。

这里的“听”不是手里做着事情，有一搭没一搭的样子，因为这样孩子无法感受到父母对他的重视，不会觉得父母正努力进入他的情感世界，而是觉得说也没用，反正父母也不在意，久而久之，孩子就会向父母关闭自己的心门。小的时候，孩子行动力有限，即使孩子哪里存在着情感缺口，似乎也不会发生什么大事，等到了青春期，让人抓狂的情况就会接连不断了：自我封闭、离家出走……此时，父母觉得孩子就像一只断了线的风筝一样，自己根本不知道他在哪里，在做什么，有什么烦恼。

倾听是一座沟通的桥梁，是一个从孩子小的时候就需要培养的良好的教养习惯。倾听孩子，能让孩子感受到自己被重视，正在被理解、被关爱，有助于孩子更进一步探索自己的情感世界。父母积极地倾听孩子的过程，是给了孩子一个认识、表达情绪的机会，使他们懂得有了不良情绪时，可以跟自己最信赖的人倾诉，这样可以减轻情绪压力，让自己更舒服一些。

父母要有耐心，不插话，不纠正孩子的不理智的行为，即使偶尔回应一下孩子的情绪感受，也要不带有个人的感情色彩和评判意识。

“你这孩子，怎么不长记性呢？我不是说过，不能跟小朋友抢玩具吗？”“哭，哭，就知道哭，看你那不争气的眼泪。”“别说了，一句我也没听明白。”这样的不理性的话语就如同情绪炸弹一样，说出来就会造成伤害，受伤的不仅是孩子稚嫩的心灵，还有良好的亲子关系。一旦孩子觉得父母不爱他，不懂他，他的心灵之门就开始关闭了，爱就失去了民主的味道，成长也不再是一件美好的事情。

宝宝的行为表现与性格塑造

关注宝宝的行为习惯

6岁前是孩子生活习惯形成的关键期，一个孩子是否养成了良好的生活习惯，决定了他以后的成长是否会朝着一个积极、向上的方向发展。

习惯是一个自动化的动作和稳定的行为方式，是在不断地重复、强化后建立起来的。一个人拥有了好习惯，他的生活就变得轻松而自在。对于五六岁的孩子来讲，当他们养成了良好的生活习惯后，除了生活变得更井然有序外，对生活的认知也会获得提升。

举个例子，一个孩子养成了每天早晨6点起床的习惯后，到了这个时间，他就会自动起床，父母就不用因为担心去幼儿园迟到而反复喊他起床。如果孩子养成了起床后自己洗漱的习惯，那么，父母就省事很多。

五六岁孩子的睡眠时间需要达到八九个小时以上，一个能在每天早晨6点起床的孩子，晚上也能按时入睡。父母不会因此而跟孩子做各种斗争，孩子不会因为要看电视、玩游戏而拒绝睡觉。

在良好的行为习惯建立的过程中，孩子的认知会不断发生改变，使他们懂得怎么做更利于自己的成长、怎么做更节省时间、怎么做更合乎情理、怎么做更能给大家带来方便……总之，养成良好的生活习惯的过程，是促使孩子全面发展的过程。

几个孩子一起吃饭，在吃虾的时候，有的孩子慢慢地用手剥掉虾壳放到餐巾纸上，剥干净后，放到嘴里细嚼慢咽地吃掉；有的孩子干脆让父母来剥，因为怕扎手；有的孩子剥虾壳的时候，比较不得要领，剥下一块后随处乱扔，弄得桌子上、地上都有。显而易见，以上三个孩子中，只有第一个养成了良好的自己动手的习惯。

任何一个好习惯的养成，都是在父母精心的指导下，坚持了多天以后，内化成自己的行为方式的。根据美国心理学家拉施里的动物记忆实验研究，行为主义心理学认为，通常情况下，一种行为重复21天就会变为习惯动作，而90天的重复做会形成稳定的习惯。如果再坚持巩固一些日子，效果会更好。所以，前三天最为关键。

当孩子养成了某种良好的习惯后，这种习惯犹如物理学上的惯性力量，对行为会起到一种动力的作用。此时的孩子，不需要别人的监督、提醒、安排，也不需要自己刻意去管着自己，因为已经习惯成自然了。这样的孩子，具有自主性、自觉性、坚持性、主动性。如果父母不注重培养孩子良好的行为习惯，孩子会比较随性，因为不懂得去控制自己，可能会养成被环境或者被他人控制的习惯。

形成了最初的性格

幼儿期末形成的个性心理特征和行为活动倾向，常常是一个人个性的核心成分或中坚结构，虽然以后也能对其中一些不良个性特征加以改造，但往往是量的变化，除非客观环境、儿童的亲身经历出现一次次极为严重的转折，否则已经形成的行为个性特征是很难破坏的。

在孩子成长的过程中，如果父母养成回头望的习惯，非常有利于检验自己教育方法的对和错，也有助于了解孩子的成长状态。

孩子长大到五六岁以后，他们最初的性格特点已经表现出来了。如果几个孩子在一起玩儿，大人可以通过他们的表现来发现他们的性格特点：有的孩子比较合群，有的孩子比较喜欢钻研，有的孩子好强，有的孩子霸道，有的孩子很谦让，有的孩子小气，有的孩子有较强的组织能力，有的孩子比较自我，有的孩子听话……这些暂时表现出来的性格倾向，是孩子性格发展的初步显现，受社会经验的影响，孩子的自我反省能力不足，父母要做好孩子性格发展的监护人。

1.发现孩子性格弱点，父母先要自我检讨

一个人的性格是人格特质的外化表现，而人格的形成一定会受到家庭教育的

影响。孩子行为方式的形成是以模仿为基础的，父母的行为是孩子最直接的模仿对象，孩子观察父母怎么做就怎么做。父母的行为方式有自己的特点，是自己性格的外化，所以，孩子的性格有着父母性格的特点。

所以，当父母发现孩子有脾气急、对人态度不好、做事没耐心等情况出现的时候，先要自我检讨，看看日常生活中自己是不是这样对待孩子、对待工作、对待生活的，如果是，先要做自我改变。如果自己不改，只是指出孩子的不足，让孩子改，孩子改正起来会比较难。

2.不要指望快速改变

当孩子表现出了性格上的不足时，有的父母指出来后，就等着孩子改变了。

性格是与社会相关最密切的人格特征，人格的独特性、稳定性也体现在了性格方面，因为性格的形成需要一个过程，所以，改变起来也需要一个过程。

行为的改变需要认知的改变，只有孩子真正认识到这么做不好，某种行为方式不道德、不符合社会规范、对自己不利，他们从情感上不认同，才会改变。

3.避免贴标签

当孩子有了急躁的表现时，父母说："脾气太急。"当孩子有了挑食的情况时，父母说："太挑食，不好好吃饭。"当孩子跟小朋友发生矛盾后，父母便说："不合群。"如此给孩子贴上负性标签的行为，不但不利于孩子认识到这么做不好，还会让孩子错误地认定自己就是这样的人，从而因为不愿意改变而自暴自弃。所以，当父母发现了孩子性格上的不足时，就默默地想办法改变，公开贴标签的做法不利于孩子进步。

坚持去做，不半途而废

任何一个做父母的都清楚，决定孩子未来的一定不是他的智商，而是与他的人格特质关系密切的个性。《龟兔赛跑》这则寓言故事早已深入人心，警告大家不要像那只骄傲自负的兔子那样错失成功的良机，而要学习那只乌龟，勤勤恳恳地朝着自己前方的目标努力奋斗。身为父母的人对这样的人生经验已经有深刻的体会，所以，他们非常期待孩子能够做一个有恒心、有毅力的人。

任何一项优秀品质的培养，都是越早培养越利于该品质对人格的影响力。幼儿时期是儿童人格结构构建的关键时期。五六岁的孩子已经懂事，拥有了一定的是非判断能力，渴望完美的表现，非常利于培养他们的意志品质。

1.努力完成一件事

面对一项任务，即使孩子很感兴趣，因为他们并不清楚完成这件事会给自己带来什么好处，哪怕父母事先跟他们讲了，由于自我控制能力不够强，面对自由玩耍的诱惑，他们也可能背离最初的决定。

这个时候，父母不要责怪孩子，更不要给孩子定性为“不成器”，孩子需要外界的力量来管理他们的行为。把任务分成几部分是促使孩子努力的好方法，但要记得，每个停止的节点都该是孩子努力后能见到成效的地方。

2.品尝做成一件事的快乐感受

不管是完成了一部分还是全部，都会有一个结果呈现出来，父母告诉孩子：“这是你努力后获取的成功，你该为自己的成果而自豪。”如果大人再细心指出哪里做得好，孩子会更加开心。

父母把孩子的劳动果实展现出来，看似无意实则有意地让孩子获得他人的赞许，更能使孩子产生满足感。这样的美好感觉具有很强的激励作用，会让孩子觉得所有的坚持都是有价值的。

3.看到成功结果的影响

不管孩子帮助父母做了什么事情，或者他完成了一项自己的任务，都减少了父母的劳动付出，对家庭是有贡献的。这个时候，父母说一句：“宝贝自己洗脚了，这样可以节省出妈妈的时间，妈妈可以早点儿休息了。”父母告诉孩子：“在你连续几天不间断的帮助下，你的朋友已经学会了跳绳，他非常开心。”

孩子看到结果后，会明白当初父母让自己坚持做完是对的，如果自己不坚持，就不能收到这么好的结果。因此，他的内心就会产生一种感悟，任何事情只有坚持去做，才会有好的收获。这样的经验感悟，对后面的行为具有很强的指导作用。

尊重孩子的兴趣爱好

兴趣是人们探究某种事物或从事某种活动的心理倾向，它以认识和探索外界的需要为基础，是推动人们认识事物、探求真理的重要动机。当兴趣不是指向认识的对象，而是指向某种活动时，这种动机就叫爱好，如对体育、绘画、书法等的爱好。

五六岁孩子的兴趣爱好，已经有所呈现。即使他们不会说“我喜欢唱歌”，大人也能通过他们的日常表现观察出来。

尊重孩子的兴趣爱好，不是当孩子说出来，大人要听从，而是父母通过观察孩子的行动或者专业人员的评估，发现孩子的优势智能，从而给孩子创造接触的机会，如果孩子喜欢，就着力发展。

1.创造情境

如果发现孩子有某方面的优势智能，但是并未发展成持久的兴趣爱好，那么，就为孩子创造相关的情境，当孩子不断置身于某种情境中后，不断地被激发，唤起孩子的喜爱之情，就能发展成稳定的兴趣爱好。

举个例子，如果大人发现孩子有绘画天赋，随便涂鸦就成画，这个时候，不妨带孩子去参观画展、接触绘画大师、进入绘画班，经过一段时间，孩子就会喜欢上绘画。

2.不强迫孩子

即使孩子拥有某方面的优势智能，大人也想培养孩子这方面的特长，但也不能强迫孩子去学习。慢慢引导孩子发生兴趣，他们才会产生学习动机，在学习过程中感受到美、愉悦、满足，才会热爱。如果强迫孩子去学，万一他们产生逆反情绪，就会很遗憾。

有的父母想让孩子成才的愿望特别强烈，学习起来后，就要求孩子朝着某个目标前进，因此为孩子安排的学习任务特别重。这么做，很可能打击孩子学习的积极性。秉持着发展孩子兴趣爱好的心愿，慢慢来，时机到了，理想的种子自然会发芽。

3.不要炫耀

不经意间，父母就可能跟外人说出自家孩子在某方面很有天赋或者取得了什么样的成绩，或者拿自己孩子和别的孩子比，如果没有经过孩子的允许，这么做可能会给孩子带来压力。压力有的时候是动力，有的时候可能会误导孩子，使孩子觉得自己是为父母学习，学习不好父母就不喜欢自己了，这么想，必然会削弱学习的动力。

父母带着一种“只需努力，莫问前程”的心态，大力发展孩子的兴趣爱好，竭尽全力去支持，会使孩子在自己喜欢的领域里自由“航行”，这个过程孩子轻松而快乐，必然会取得不错的成绩。

宝宝的社会性发展与道德品质

幼儿同伴关系类型

5岁以后，幼儿已经掌握了与同伴友好相处的本领，但是，小朋友在同伴中受欢迎程度还是不一样。在心理学的研究中，关于幼儿同伴关系的分类，最为常见的是按照幼儿不同交往类型的心理特征，可以把幼儿归为以下5类。

1.受欢迎型幼儿

这些幼儿喜欢与人交往，而且善于与人交往，他们情绪稳定，反应敏捷，活动的强度和速度适中，他们很友好，也很大度，所以，受到大多数同伴的喜欢。

2.被拒绝型幼儿

这类幼儿喜欢与人交往，却不会交往，他们情绪不稳定，爱冲动，活动强度大、速度快，比较外向，注意力易分散，坚持性差。在交往活动中容易出现抢玩具、随意改变游戏规则、推打小朋友等。

3.被忽视型幼儿

这些幼儿不太喜欢与人交往，在交往中出现退缩或者畏缩行为，较少表现出主动、友好的行为，也较少表现出不友好或者攻击性行为。他们常常独处或者独自玩耍。没什么人喜欢他们，也没什么人讨厌他们。

4.矛盾型幼儿

这类幼儿有时愿意交往，有时不愿意交往。有同伴喜欢他们，愿意与他们交往；也有同伴不喜欢他们，不愿意与他们交往。他们可能是一个团队里的权威，也可能被另一个团队排斥在外。

5.一般型幼儿

这类幼儿在与人交往的过程中，不是特别被人喜欢，也不是特别被人讨厌，大部分活动都能参与进去，但表现并不是很突出，可以说，是人群里“不显山不露水”的一类。

孩子在同伴中的表现，体现了他们的性格特点，也预示着将来可能的交往方式以及社会形象。一个人要想在社会上快乐地生活，他必须能够融入集体、社会，才能有旺盛的生命力。很显然，受欢迎型幼儿长大后往往会成为一个受欢迎的人，在人际交往活动中能够如鱼得水，人生之路更加开阔，学习、工作、生活都因此而更加顺利。

当孩子不属于受欢迎型幼儿的时候，父母也不要气馁，孩子的交往角色与他们的性格有关，也与他们对于社会交往的认识有关，孩子的这两方面都处于成长阶段，只要父母足够用心地去培养，给孩子指路，让孩子以友好的态度与小伙伴交往，孩子在交往过程中感受到交往的快乐，就能成长为受欢迎型幼儿。

宝宝开始关注婚姻：进入婚姻敏感期

很多五六岁的宝宝在生活中开始涉及婚姻的相关内容了。他们以游戏的方式再现婚姻生活，用语言和行动表达自己对婚姻的认识，去探索婚姻的意义，以获取对婚姻的正确理解。

在幼儿园玩儿的时候，小朋友之间开始玩过家家游戏，谁是爸爸，谁是妈妈，谁是宝宝，分得很清楚，大家都争着做爸爸妈妈，不愿意做宝宝。

和爸爸妈妈聊天的时候，有的小朋友会说：“我喜欢我们班×××，我要和他结婚。”过了几天，再次聊起这个话题，小朋友的结婚对象就变了。

成长是遵循着生命发展的秩序前进的，宝宝有这样的表现，是为未来所做的准备。未来的某一天，他们开始婚姻旅程的时候，需要一个正确的对待婚姻的态度和观念，这样的态度和观念的形成需要一个过程。五六岁，循着对婚姻的好奇，他们的学习之旅开启了。在这个时期，他们会较多地涉及与婚姻相关的内容，实质上却没有踏入真正的婚姻，这个阶段被称为婚姻敏感期。

1.不要担忧

当宝宝进入婚姻敏感期后，他们会特别关注和在意这方面的内容，这个时候，父母不要担心这个孩子不学好。即使宝宝经常把班级里某个小朋友挂在嘴边，还会送礼物给这个小朋友，说“爱”上了这个小朋友，说要和这个小朋友结婚等，都无须担心。

父母要明白，孩子就是在这样的认识状态下，与“爱人”“结婚对象”去碰撞，经历“爱”和“不爱”的感受，从而更好地去认识爱，认识婚姻，认识人。

2.给予引导

孩子对婚姻感兴趣，父母不妨投其所“好”，和他们探讨的时候，给予正确的引导。

当宝宝说：“我爱上×××了。”这时，父母不妨问他：“你爱她什么啊？”宝宝一般的回答就是漂亮、上课安静、会唱歌、裙子好看等。这时，父母可以说：“如果你再讲卫生一些，也会变得更漂亮，会有更多的小朋友爱你。小朋友都喜欢讲卫生、善良、乐于帮助同学、爱劳动、谦让、有才艺的小朋友。”

父母稍微用心就可以发现，宝宝的结婚对象或者喜欢的对象，一定有很多优点，即使宝宝自己没有认识到这一点，但事实确实如此，利用这个机会把对方的优点展现出来，孩子会因为父母的认同而开心，更愿意学习对方的优点。

3.不要涉及性内容

有的时候，宝宝们一起玩过家家游戏，会有洗澡、睡觉等内容，可能会脱衣服，这个时候，父母不要因为认定宝宝离谱而训斥宝宝，只需告诉宝宝：“小朋友玩过家家，不要脱衣服。”孩子们已经具备了一定的自我保护意识，懂得要保护身体隐私，一般情况下，当父母这么说的时候，他们都能接受。

6岁前宝宝能够建立友谊吗

五六岁的宝宝非常渴望和小朋友一起玩儿，他们会要求妈妈在过生日的时候邀请小朋友一起来吃蛋糕；他们为了吸引小朋友跟自己玩儿，会带上玩具到广场；他们会大谈班里的某个小朋友表现好，跟某个小朋友玩儿过一次后还想玩儿第二次……面对如此想与同伴交往的孩子，父母应该怎么做呢？

出去玩儿时候，妈妈们会多带一些吃的、玩的，为的是能够让孩子和小朋友一起分享；妈妈们积极地建立微信群，以便于相互联系，一起参加一些活动；如果有社团活动，积极报名，带孩子参加；小朋友玩什么运动器械，就赶紧给宝宝准备，以便于宝宝能和大家玩儿到一起。妈妈们极力配合，以便于使宝宝和小朋友建立起真挚的友谊，一路相伴着成长。

友谊是人与人之间一种亲密的心理关系。每个人都有克服孤独、与他人建立和维持亲密关系的感情需求，友谊就是人与人之间对这种感情意愿的合理表达与诉求形式。那么，在6岁前，一起玩耍的小伙伴，会是宝宝未来成长路上的朋友吗？他们能够建立起友谊吗？

有研究显示，在学前期和学龄期，朋友往往被儿童看作可以与之共同活动的游戏伙伴。根据美国学者赛尔曼的观点，在0～6岁儿童之间的交往关系中，儿童还是处于自我中心的认知水平，难以考虑他人的观点。

所以，在0～6岁，儿童的心中还没有形成友谊的概念，所以，小朋友之间只是暂时的游戏伙伴关系。

1.偶然性

父母带孩子在外边玩儿，遇到同龄的小朋友，大人引导一下，两个小朋友就能玩儿到一起。所以，此时的玩伴关系不在于彼此性情、志趣相投，他们也不考虑这个，只是为了玩耍而在一起。

2.不稳定性

即使两个小朋友经常在一起玩儿，彼此很熟悉，如果他们一起进入一个大的环境，很快地，他们可能会走散，各自玩儿各自的或者各自加入不同的群体。即使要回家了，他们也不会相互商量，想回的就回了，想玩儿的接着玩儿。

即使一起玩儿了很久的小朋友要搬家了，从此可能见不到，他们也不会因此太伤心、难过，他们排遣孤独的最好方法就是跟新的小朋友一起玩儿。一句话，有一起玩儿的小朋友就不寂寞。

所以，在这个年龄段，父母因为换工作而搬家，只要做通孩子的工作，他们就不会因为失去玩伴而伤心、难过。

鼓励孩子讲究礼貌、礼仪

5岁的小朋友，已经能够理解什么是礼貌，如何做一个有礼貌的人，可是，如果他们没有受到很好的礼貌教育的话，有时会表现得比较粗鲁。

某个小朋友从幼儿园回到家里，脱掉袜子往地板上一扔，脱掉鞋子也往地板上一扔，然后就对妈妈说："有什么水果，给我拿点儿水果吃！"在这之前，这个孩子一直跟爷爷奶奶住，今年刚刚转学到父母身边。妈妈感觉到这个孩子不够有礼貌，在言行举止方面，需要改变。

妈妈说："宝贝，妈妈希望你成为一个有礼貌的孩子。以后，妈妈会教你怎么做才算有礼貌。一点儿一点儿来，你会觉得有礼貌让自己很快乐，让别人也很快乐。"

于是，妈妈从每一个生活细节上开始教儿子成为一个有礼貌的人。她知道，儿子毕竟有了几年的生活经验，改变起来会有一些难度，所以，她不强迫儿子，也不给儿子压力，而是以自己的行为来影响儿子，或者在某个行为开始前，轻轻地提示一下该怎么做。

为了促进儿子对礼貌行为的认识和理解，妈妈还给儿子买了很多相关的书让他来读，也看了一些相关的动画片。最为特别的是，妈妈没有明确指出他的哪个行为是不礼貌的，需要改正，而是把正确的做法呈现出来，鼓励孩子去做。

按照道德情感的发展，五六岁的孩子文明礼貌意识逐渐增强，此时的孩子渴望做出符合社会期待的行为，他们愿意以有礼貌的方式与人相处，而大人所要做的就是给孩子信心，让他们觉得自己能够成为一个有礼貌的孩子。

1.良好的礼仪氛围

在培养孩子的礼仪、礼貌方面，环境的影响很大。孩子语言、行为发展的最初时光是在家庭里度过的，大脑里的镜像神经元使他们看到了、听到了，便学会了，所以，如果家人讲究礼仪、礼貌，孩子就容易讲究礼仪、礼貌。

2.把话说在前头效果更好

如果父母发现宝宝某方面欠缺礼貌，看到了，就记在心里，不要说出来。当孩子即将出现这样的行为时，提前教他怎么做。

举个例子，以前，当宝宝玩别的小朋友的玩具的时候不够小心，有摔打行为。当宝宝再次与小朋友交换玩具的时候，告诉孩子："小心点儿，如果弄坏了，小朋友会很伤心。"这样，宝宝就不会像玩自己的玩具那样肆意妄为了。

3.多鼓励有难度的行为

对孩子来讲，当孩子完成了一次有难度的礼貌行动后，他们的自信心会获得提升，但是，一次的成功体验还不足以提升他们对自己能力的认识，以后当宝宝遇到有难度的交往情境时，大人还是要鼓励一下，激发他们做出礼貌行为。

宝宝的游戏与阅读

这是嬉戏性游戏

妈妈们都有被宝宝的行为搞得很烦的经历，妈妈用水盆洗衣服，宝宝看到了，过来把手伸到盆里，他们也要洗衣服。妈妈想着快速洗完，然后出去办事，可是，宝宝就是掺和着玩儿，一边用手拨水，一边按着衣服揉来揉去，妈妈说："你再不走，我就打你了啊！"宝宝做个鬼脸，离开一下，咧嘴笑笑，又过来了。

宝宝明明已经能够清晰地进行语言表达，可是，他们说话的时候偏偏把正确的发音变换一下。妈妈说："过来，吃饭。"宝宝一边走过来一边回答："不过来，不吃饭。"妈妈让宝宝唱个歌，歌词是："我今天，陪爸爸，带着全家去玩耍……"宝宝唱出来的是："我今天，和爸爸不，带着全家去唱歌……"

1.语言性嬉戏游戏

以上两种情况都属于嬉戏性游戏。嬉戏性游戏最为常见的有两种，一种是以对语言的嬉戏性运用为特征的游戏，包括以声音、节律、词汇、语法等各种语言要素构成的不同的游戏，如各种儿歌、歌谣、说反话、颠倒歌等。

有的妈妈担心宝宝不好好说话是个坏习惯，会影响他们对于语言的掌握和运用。父母稍稍用心一些，就会发现，在同龄孩子当中，玩语言嬉戏游戏的都是表达能力比较强的孩子，他们对语言的驾驭能力比较强，才能开发出对语言的游戏性玩法，也不失为一种提高表达能力的途径。

2.恶作剧性嬉戏游戏

另一种是以探索社会规范的限度为目的的嬉戏性游戏，表现为恶作剧、开玩笑、故意和父母对着干等。当妈妈很忙的时候，宝宝的做法足以让妈妈"发疯”。比如，妈妈烙饼的时候，锅烧上了，都要热了，回头去拿已经擀好的生饼，却发现又被揉成了面团，这个时候，妈妈是不是有拍孩子几巴掌的心？再看宝宝，早就跑掉了。有时大人生气，宝宝还偷着乐，打他几巴掌，他也不哭闹，因为他知道给妈妈带来了麻烦。

其实，这是一种宝宝试探妈妈底线的方式，被不断立规矩的他们想知道，规矩到底有多厉害，适用范围是什么，大人的底线在哪里。当宝宝真的妨碍了大人做事，大人可以严肃地告诉宝宝："你耽误了妈妈的工作，妈妈要生气了。如果再这样，妈妈就要惩罚你了。"切忌对着宝宝大喊大叫，大喊大叫可能会激发宝宝更强的搞怪热情。

有一点，妈妈一定要注意，就是当宝宝在小伙伴之间玩恶作剧的时候，如果看到对方难以忍受，就立马叫停孩子的行为，以免对对方造成伤害。

从象征性游戏向现实性游戏靠拢

宝宝三四岁的时候，他们以象征性游戏为主，游戏的内容、角色或者物品有很多是他们想象出来的，他们对现实生活中的物品进行了想象性改造，比如，把被子当宝宝、把皮球当太阳、举着瓶子唱歌等。象征性游戏具有想象、假装、表演性的特点，缘于儿童积累的社会经验和兴趣指向，加入了幼儿的主观愿望。

象征性游戏只是现实生活的部分呈现，在一个时期里，儿童只能玩这种游戏，这与儿童思维意识的发展密切相关。随着宝宝自我中心性的逐步改善和社会性的进一步发展，他们对自己、对世界的理解更加客观，大脑里积累的表象更丰富了，表现在游戏上，象征性游戏开始向现实性游戏靠拢。此时，他们的游戏活动、游戏的情节开始变得比较有秩序且注重和现实相结合，并出现了集体象征活动。这个时期的幼儿往往会精心地布置自己的游戏场景，并在游戏中演绎出一个情节连贯的故事。

如果父母足够细心会发现，当孩子玩游戏的时候，无论是一个人玩儿还是多个小朋友一起玩儿，游戏的内容除了他们惯常的行为，还会有最近的所见所闻的精彩片段。比如，孩子和父母出行，路上遇到一辆公交车坏了，那么，接下来的日子，宝宝在家里玩玩具车，就会“导演”出公交车坏在路上的情景。他们会把自己变成修车人，来检修公交车，查出毛病后还会修理。

当两个宝宝一起玩游戏的时候，那个能够不断给游戏设置情节、增加内容的孩子，一定是生活内容比较丰富、见多识广的孩子。

现实性游戏是生活的再现，但又不是简单的复制，而是经过宝宝思维的“建构”和“生成”来促进宝宝认知的发展，获取社会化的能力。

萨顿·史密斯等的研究表明，幼儿发起游戏的能力与游戏中的想象能力之间存在着正相关。而且，富有想象力的孩子在游戏中会表现出较高的水平。足够丰富的表象是宝宝发挥想象力的基础，所以，如果宝宝的现实生活过得丰富多彩，会更利于他们的游戏活动。

根据宝宝心理特点，设计一些主题活动

宝宝喜欢活动，热爱游戏。游戏不仅为幼儿描绘了美丽的、充满幻想的世界，也使幼儿的想象力获得了充分的发挥。游戏具有活动、生动、形象、直观、有趣的特点，正好符合五六岁宝宝的思维方式和情感取向，玩儿起来感到快乐，接受起来就容易。

所以，有针对性地组织一些主题活动，让宝宝参与进来，有助于增加宝宝的正向行为，改变宝宝的负向行为。

如果宝宝不能和小朋友友好相处，而又很渴望和小朋友一起玩儿，那么，就可以通过主题活动来帮助宝宝学会如何跟小朋友相处。

举个例子，妈妈让宝宝从班里选出三个小朋友，这些小朋友是他最喜欢的，最想一起玩儿的。妈妈准备四张卡片，在卡片上分别写上三个小朋友的名字和自己宝宝的名字。

然后，妈妈和宝宝一起谈论一个问题，主要是妈妈问，宝宝来回答。问题是：“你为什么喜欢这些小朋友？”一个一个来，宝宝回答完，就写在卡片上。当宝宝把喜欢三个小朋友的原因都表达出来后，肯定一下，“宝宝太能发现小朋友的优点了，这些小朋友的优点太好了，难怪宝宝喜欢他们”。

然后，妈妈可以告诉宝宝："宝宝，如果你也想成为一个被其他小朋友喜欢的人，可以和小朋友一起快快乐乐地玩耍，该怎么做呢？"这时，即使宝宝的回答很精彩，父母也要补充一下，补充的内容包括宝宝具体应该怎么做。如果宝宝比较自我，妈妈可以告诉宝宝："和小朋友一起玩儿的时候，一定要照顾到小朋友的感受，不要做让小朋友伤心的事情。"

就这样，通过主题活动，孩子看到的是别人的优点，感受到的是自己的不足，自我改变的愿望油然而生，恰好妈妈也告诉了他怎么做，改正起来就容易了。

如果父母想要让孩子明白自己与周围的人息息相关，小朋友之间要互相合作，彼此尊重，和谐相处，自己想怎么样就怎么样是不可以的，跟孩子讲道理效果可能不是很好。父母要考虑到小朋友的感受，他们喜欢玩耍，不喜欢被父母唠叨，不愿意听大道理，如果父母通过游戏、活动再现行为，宝宝被活动内容刺激，经过孩子经验的折射，对过去行为有了评价，对未来行为就有了期待，新的行动就产生了。

让读书成为重要的生活内容

宝宝到了五六岁，大人已经能够通过他们的行为去判断他们是否喜欢读书了。在闲暇时光里，待在家里玩儿，有的宝宝会很自然地拿起一本书来读，就像饿了打开冰箱拿块面包或者蛋糕吃一样，不需要父母吩咐和叮嘱。当读书已经成了孩子的一种需要时，父母还需要做什么呢？

1.保护孩子的阅读兴趣

孩子能够自觉地拿起一本书来读，翻看图画也好、磕磕绊绊地阅读文字也罢，除非孩子向父母提问题、求助，父母最好不要在孩子面前指手画脚。

孩子和大人一样喜欢自由，他们渴望那种想读书就读的感觉。大人不要在孩子玩耍的时候对孩子说："去读书吧。"要相信自己的孩子，既然他们已经爱上了读书，读书就成了他们生活中一件重要的事情，他们忘不了。

读书带给了孩子心灵的慰藉，帮助他们排解烦恼，开拓了他们的视野，丰富了他们的知识，孩子对这些都是有感受的。所以，当他们心情不好的时候、孤独寂寞的时候、觉得有空闲的时候，就会选择读书。

2.培养读书的习惯

有的父母觉得，与玩耍相比，读书永远退而求其次。如果大人通过观察，发现孩子确实这样，那么，就表明读书还没有成为孩子生活中的重要组成部分。从成长的教育来讲，读书是一件既有利于智力发育，也能促进心理健康的事情。每个孩子都需要读书，如果孩子还没有养成自主读书的习惯的话，就从现在开始着重培养他们良好的读书习惯。

开卷有益。每天读一些，坚持下去，头脑里的知识就丰富了，孩子就养成了良好的读书习惯。

3.解决好读什么的问题

从孩子的角度来讲，五六岁的孩子可读的内容很多，比如，绘本、各种科普知识、儿歌、故事等，包括中文的、英文的等。看什么，要让孩子来决定。让孩子决定包括两层意思，一层是让孩子亲自选书，另一层是按照孩子的兴趣爱好来选择。

对于阅读兴趣不是很浓，正处于培养阅读习惯的孩子来讲，可以让他自己去选书，选书前，有言在先，选了就要读；对于已经养成读书习惯，什么书都能看得津津有味的孩子来讲，父母可以选择符合他们兴趣爱好的书。

特别感谢

为了让父母有章可循地科学育儿，不忽视、不错过孩子宝贵的成长时机，使成长更高效，我写了这本书。本书试图在心理学、教育学理论研究与育儿方法之间搭建起一座桥梁，尽力将专业的理论以通俗的表述呈现给大家，并提供了具有针对性和实用性的方法，解决0～6岁孩子成长中遇到的典型问题。

我期待着读到本书的父母能够从此养成一种科学育儿的习惯，成为学习型父母，从“心”理解孩子，与孩子一起成长为更好的人。

特别感谢王玉新、张志强、郗玉森、李祥仁、王玉芝、李松敏、魏庆丽、李进科、郗华民、张钊、王锁娣在资料收集、文字整理等方面的大力支持。